**TARUN KUMAR DAS
KAUSIK PRADHAN**

Estratégias para evitar as vulnerabilidades às alterações climáticas na agricultura

TARUN KUMAR DAS
KAUSIK PRADHAN

Estratégias para evitar as vulnerabilidades às alterações climáticas na agricultura

Estratégias de extensão e alterações climáticas

ScienciaScripts

Imprint

Any brand names and product names mentioned in this book are subject to trademark, brand or patent protection and are trademarks or registered trademarks of their respective holders. The use of brand names, product names, common names, trade names, product descriptions etc. even without a particular marking in this work is in no way to be construed to mean that such names may be regarded as unrestricted in respect of trademark and brand protection legislation and could thus be used by anyone.

Cover image: www.ingimage.com

This book is a translation from the original published under ISBN 978-620-7-45463-1.

Publisher:
Sciencia Scripts
is a trademark of
Dodo Books Indian Ocean Ltd. and OmniScriptum S.R.L publishing group

120 High Road, East Finchley, London, N2 9ED, United Kingdom
Str. Armeneasca 28/1, office 1, Chisinau MD-2012, Republic of Moldova, Europe
Printed at: see last page
ISBN: 978-620-7-78315-1

Conteúdo

Agradecimentos

Antes de mais, aproveito esta oportunidade para agradecer a Deus Todo-Poderoso por me ter dado a força, o conhecimento, a capacidade e a oportunidade de realizar este estudo de investigação e de o concluir de forma satisfatória. Sem as Suas bênçãos, esta realização não teria sido possível.

Kausik Pradhan, Diretor e Professor, Departamento de Extensão Agrícola, Uttar Banga Krishi Viswavidyalaya, Cooch Behar, Bengala Ocidental, Índia, pela sua orientação inestimável, motivação constante, cooperação amável, críticas construtivas e, acima de tudo, pelo seu comportamento infalível e amável e pela sua ajuda incessante na preparação do manuscrito com perfeição.

T. N. Roy, Departamento de Economia Agrícola e ao Prof. Prabhat Kumar Pal, Diretor de Estudos de Pós-Graduação e ao Prof. Dibyendu Mukhapadhya, Diretor da Faculdade de Agricultura, Uttar Banga Krishi Viswavidyalaya, Bengala Ocidental, Índia.

Sinto-me entusiasmado por expressar a minha profunda gratidão ao Dr. M.K Debnath, Professor Assistente, Departamento de Estatística Agrícola. Aproveito esta oportunidade para agradecer ao ICAR por me ter concedido uma licença de estudo para programas de doutoramento *nesta universidade.*

Um grande número de agradecimentos aos Srs. Subash Barman e Benjamin Oran por me terem ajudado na recolha de dados para este estudo e ao Departamento de Agricultura, Cooch Behar, Bengala Ocidental, e aos cientistas do Krishi Vigyan Kendra, Cooch Behar, Bengala Ocidental, pelo seu apoio.

Gostaria também de agradecer aos meus seniores, amigos e juniores por me terem sempre ajudado, especialmente a C. Vara Prasad e a Biman Maity, que me ajudaram a seguir em frente.

Gostaria de agradecer ao pessoal não docente do Departamento de Extensão Agrícola da UBKV pela sua amável cooperação comigo.

Este percurso não teria sido possível sem o apoio dos meus pais e da minha mulher, que é uma das maiores bênçãos de Deus. Aproveito esta oportunidade para lhes agradecer por me terem encorajado a realizar este sonho.

Tarun Kumar Das

CAPÍTULO-1

INTRODUÇÃO

As actividades antropogénicas e o efeito da globalização são atribuídos ao ecossistema terrestre em constante mudança. Há provas de que os padrões de precipitação estão a mudar, o nível do mar está a aumentar, os glaciares estão a recuar em todo o mundo, o gelo do mar Ártico está a diminuir e a incidência de fenómenos meteorológicos extremos está a aumentar em algumas partes do mundo devido ao aquecimento global (Watson, 2010). A Terra está rodeada por diferentes tipos de gases benéficos e não benéficos. Entre estes gases, os gases de estufa (GEE) são um dos gases nocivos e perigosos que se encontram no nosso ambiente. Os principais gases de estufa são o CO_2 e o vapor de água, que mantêm o planeta Terra quente para a manutenção da vida. O carbono que permanece na atmosfera actua como um cobertor de aquecimento e mantém a terra quente, daí o nome aquecimento global (Chio e Fisher, 2005). Quando os componentes dos gases de estufa, como o CO_2, o CH_4, o vapor de água, etc., sobem na atmosfera, desenvolve-se mais energia térmica, que se reflecte na terra e a torna mais quente. Esta situação terá um certo impacto nos seres humanos, no gado e no ambiente, bem como nas suas actividades económicas. É por isso que as alterações climáticas são vistas como um desafio ambiental, social e económico à escala mundial (Schoze, Knorr e Prentice (2006) e Mendelsohn, Dinart e Williams (2006)). As alterações climáticas têm um impacto grave na disponibilidade de vários recursos na terra, especialmente a água, o solo, o ser humano, o gado e os recursos naturais. As alterações climáticas são um processo biofísico complexo e é impossível prever com exatidão as condições climáticas futuras, mas o consenso científico indica que a temperatura global da terra e do mar está a aquecer sob a influência de gases com efeito de estufa como o CO_2, o CH_4, o N_2O e os gases fluorados, o que continuará pelo menos durante a próxima década, independentemente de quaisquer esforços de atenuação para reduzir as fontes ou aumentar os sumidouros de gases com efeito de estufa (IPCC, 2001 & Hassan e Nhemachena 2008). A ocorrência de alterações climáticas depende de vários factores, nomeadamente devido a factores naturais e humanos. A mudança climática é uma alteração na distribuição estatística do tempo ao longo de períodos que variam de décadas a milhões de anos, uma mudança no tempo médio ou uma mudança na distribuição de eventos climáticos em torno de uma média (Nwachukwu e Nnadozie, 2011). As principais componentes da variabilidade climática são o vento, a temperatura, a precipitação/precipitação, o orvalho, a humidade, a tempestade, a luz solar, etc. As alterações climáticas manifestam-se quando se verifica um aumento das temperaturas, padrões irregulares de humidade e precipitação, inundações, erosão das planícies costeiras, subida do nível do mar, seca, desertificação, uma ameaça para os recursos hídricos naturais e um aumento da erosão interior (Aluko, Oyeleye, Sulaimon e Ukpe, 2008).

Está provado que as alterações climáticas são em grande parte causadas pelas actividades humanas, ou seja, o desbravamento e o corte de árvores para a agricultura e a fixação de pessoas, a queima de madeira como lenha, a extração de areia, a construção de pontes, a instalação de torres móveis, o excesso de gado nas pastagens, as chuvas irregulares e o aumento da população. A produção pecuária contribui diretamente para as alterações climáticas através da produção e emissão de gases com efeito de estufa (GEE) e indiretamente através da perturbação da biodiversidade, da degradação dos solos, da poluição da água e do ar, da desertificação, etc. Na Índia, a ocorrência de um maior número de incertezas, a perda de terras, estações de crescimento mais curtas e a alteração do tempo de plantação são alguns dos efeitos negativos das alterações climáticas. A principal causa das alterações climáticas no globo deve-se à interação entre os diversos agentes. O Painel Intergovernamental sobre as Alterações Climáticas (IPCC) previu que haverá um aumento da temperatura, uma subida do nível do mar, um aumento da frequência de condições meteorológicas extremas devido às alterações climáticas que terão impacto na produção alimentar, na saúde, na biodiversidade, na terra, etc. (FAO, 2008a). Acredita-se que as calamidades naturais e os factores provocados pelo homem, incluindo a emissão de dióxido de carbono (CO_2) e outros gases nocivos para a atmosfera, a desflorestação, a desertificação, a prática de culturas itinerantes, os incêndios florestais, o aumento da industrialização, a poluição, o sobrepastoreio, a agricultura e as actividades humanas estão a aquecer a Terra como nunca se viu na história da humanidade. O efeito de aquecimento do clima é mais pronunciado nas regiões setentrionais do que nas restantes regiões da Índia. Prevê-se que as temperaturas máximas e mínimas aumentem num clima em mudança. Observa-se que algumas zonas deverão registar um máximo de precipitação, enquanto outras receberão menos e poderão registar ciclones/ventos fortes. Vários Estados, como o Punjab e o Rajastão, no Noroeste, e Tamil Nadu, no Sul, registaram uma ligeira diminuição da precipitação média da monção de verão. Segundo várias fontes, o número de dias de chuva estava a diminuir (por exemplo, MP), mas a intensidade da precipitação aumentou na maior parte da Índia (por exemplo, no Nordeste). Prevê-se que a disponibilidade bruta de água per capita na Índia diminua de 1820 m3/ano em 2001 para 1140 m3/ano em 2050. De acordo com os vários relatórios, alguns dos distritos de Odisha, Tamilnadu, Junagadh e Gujarat são os mais vulneráveis aos impactos do aumento da intensidade e da frequência dos ciclones na Índia. Os relatórios anteriores referem que o nível médio do mar ao longo da costa indiana apresenta uma tendência de subida a longo prazo (100 anos) de cerca de 1,0 mm/ano. Os dados actuais indicam uma tendência de subida de 2,5 mm/ano do nível do mar ao longo da costa indiana. Devido às alterações climáticas, é provável que mais de 50% das florestas da Índia sofram um impacto negativo na biodiversidade e nos meios de subsistência baseados em produtos florestais. Pensa-se que, dentro de muito pouco tempo, cerca de 50 anos, a maior parte da biomassa florestal será altamente vulnerável às alterações climáticas.

Quadro 1.1 Efeitos previstos das alterações climáticas na agricultura nos próximos 50 anos

Elemento climático	Alterações previstas para a década de 2050	Confiança na previsão	Efeitos na agricultura
CO2	Aumento de 360 ppm para 450 - 600 ppm (os níveis de 2005 são atualmente de 379 ppm)	Muito elevado	Bom para as culturas: aumento da fotossíntese; redução do consumo de água
Subida do nível do mar	Aumento de 10 -15 cm Aumento no sul e deslocação no norte subsistência/recuperação	Muito elevado	Perda de terras, erosão costeira, inundações, salinização das águas subterrâneas
Temperatura	Aumento de 1-2º C. Os Invernos estão a aquecer mais do que os Verões. Aumento da frequência das ondas de	Elevado	Épocas de crescimento mais rápidas, mais curtas e mais precoces, deslocação da área de distribuição para norte e

			para altitudes mais elevadas, risco de stress térmico, aumento da evapotranspiração
	calor		
Precipitação	Variações sazonais de ± 10%	Baixa	Impacto sobre o risco de seca", a capacidade de trabalho do solo, o alagamento, o abastecimento de água para irrigação , transpiração
Tempestades	Aumento da velocidade do vento, especialmente no norte. Precipitação mais intensa.	Muito baixo	Alojamento, erosão do solo, redução da infiltração da precipitação
Variabilidade	Aumentos na maioria das variáveis climáticas. Previsões incertas	Muito baixo	Alteração do risco de fenómenos prejudiciais (vagas de calor, geadas, secas, inundações) que afectam as culturas e o calendário das operações agrícolas

Fonte: Alterações climáticas e agricultura, MAFF (2000)

A variação diária da temperatura média anual, o aumento dos dias mais quentes durante a monção e o inverno, o padrão de distribuição desigual da precipitação, as inundações incertas, a seca, o aumento de pragas e doenças são os impactos de um fraco rendimento das culturas e de uma enorme quebra de colheitas que resulta em pobreza e em falta de alimentos

insegurança. Sabe-se que as secas, as inundações, os ciclones tropicais, os fenómenos de precipitação intensa, os extremos de calor e as ondas de calor têm um impacto negativo na produção agrícola e nos meios de subsistência dos agricultores (Anónimo, 2010). (No cenário climático em mudança, o aumento da temperatura e a variabilidade climática afectam o sistema de produção alimentar e o desenvolvimento agrícola. As alterações climáticas e a agricultura têm uma relação bidirecional em que a agricultura é um dos factores que contribuem para os parâmetros das alterações climáticas e, ao mesmo tempo, as alterações climáticas têm também um impacto significativo na agricultura. Ninan e Bedamatta (2012) salientaram que a agricultura será afetada negativamente não só por um aumento ou uma diminuição da quantidade total de precipitação, mas também por mudanças no momento da precipitação. Embora exista uma grande incerteza no caso do crescimento agrícola devido aos discursos sobre as alterações climáticas, através do seu impacto no crescimento e no rendimento das plantas, o crescimento agrícola continua a depender dos caprichos e dos caprichos do tempo, situação que é ainda agravada pela alteração do padrão dos parâmetros climáticos. O risco relacionado com a produção agrícola e a segurança alimentar devido às alterações climáticas e à sua variabilidade não é apenas uma função da variabilidade e das alterações climáticas, mas também uma função da vulnerabilidade dos elementos que estão expostos às ameaças das alterações climáticas. As alterações climáticas tornaram-se um facto universal que provoca uma mudança nos padrões meteorológicos e tem algumas consequências negativas nos sectores social, económico e ambiental da sociedade. As alterações climáticas afectam de várias formas a agricultura, a pecuária, o ambiente e o abastecimento alimentar. Alguns dos factores de variabilidade climática, tais como inundações, trovoadas, ventos fortes ou ciclos, degradação dos solos e secas terminais, etc., conduzem à perda de colheitas, a colheitas mínimas e a baixos rendimentos, o que, consequentemente, resulta em insegurança alimentar. As alterações climáticas estão a criar uma produção agrícola persistentemente baixa em alguns dos países em desenvolvimento, o que constitui uma enorme ameaça para os agricultores com pouca instrução, resistentes à mudança e que produzem a um nível de subsistência. Atualmente, as condições meteorológicas tornaram-se mais erráticas e imprevisíveis devido às alterações climáticas. Os padrões climáticos imprevisíveis incluem a plantação irregular de culturas e o abafamento de culturas que leva à plantação de algumas culturas na sequência de falsos sinais de chuva precoce. Por outro lado, verifica-se uma redução do rendimento das culturas e do gado, como bovinos, suínos, ovinos, caprinos, patos e aves de capoeira, bem como das pescas, devido à longa seca e a pastagens inadequadas. Os animais aquáticos, os peixes e outros também não escapam aos efeitos negativos das alterações climáticas. Cury e Shanon (2004) explicaram que nas regiões costeiras que têm grandes lagoas ou sistemas lacustres, as alterações nos fluxos de água doce e a maior intrusão de água salgada nas lagoas, em resultado das alterações climáticas, afectam a pesca interior e a cultura aquática. O aquecimento global afecta os ecossistemas aquáticos e terrestres, que também são ameaçados pela sociedade. Devido às alterações climáticas, alguns dos peixes e outra flora e fauna aquáticas estão em perigo e podem vir a estar ameaçados no futuro. Os efeitos das alterações climáticas são universais, mas alguns dos países asiáticos, como a Índia, o Bangladesh e o Paquistão, são mais vulneráveis devido ao seu elevado nível populacional, em que a maioria depende da agricultura. As alterações climáticas e a agricultura estão inter-relacionadas porque a agricultura depende diretamente das condições climáticas, como a precipitação, a temperatura e a humidade, etc. Na Índia, podem observar-se alguns impactos negativos das alterações climáticas a médio prazo (2010-2039), prevendo-se que reduzam os rendimentos em 4,50 a 9,00 por cento.

A agricultura é o sector mais importante da economia indiana. O sector agrícola indiano representa 18% do produto interno bruto da Índia, pelo que um impacto negativo de 4,50% a 9% na produção implica que o custo das alterações climáticas seja de cerca de 1,70% do PIB por ano. O aumento da temperatura, o padrão irregular da precipitação, a subida repentina do nível do mar, o aumento da incidência de pragas e doenças e o aumento da intensidade de fenómenos climáticos extremos, como secas e tempestades/ciclones/ventos fortes, causando escassez de água e a ocorrência de inundações, o aumento da evapotranspiração, a perda de colheitas e a alteração da ecologia são observados sob a forma de alterações climáticas. Por estas razões, a insegurança alimentar dos meios de subsistência quotidianos aumentará com as futuras alterações climáticas. Esta situação terá igualmente repercussões noutros sectores de subsistência, como as falhas do mercado e a fragilidade dos quadros institucionais. Por conseguinte, é necessário criar tecnologias relacionadas com a agricultura que sejam mais proactivas, coesas, integradas e flexíveis para tornar a agricultura sustentável. Por outro lado, o enorme crescimento demográfico está a diminuir a quantidade de terra per capita para uso agrícola. Ao mesmo tempo, aumenta também a procura de produção alimentar com a ajuda de intervenções tecnológicas. A procura de alimentos seria satisfeita através de uma maior intensificação das práticas agrícolas. Mas isso pode criar outros desafios, uma vez que o rendimento por hectare no sistema agrícola é limitado e, globalmente, está a diminuir de dia para dia. Por outro lado, a intensificação da agricultura tem também um impacto na produção de alimentos e na produtividade que pode ser afetada pelas alterações climáticas.

A segurança alimentar é convencionalmente vista em termos de quatro componentes que são: disponibilidade de alimentos, acesso a alimentos, utilização de alimentos e estabilidade do sistema de produção de alimentos (FAO, 2008). As quatro componentes da segurança alimentar são também afectadas pelas alterações climáticas, sendo que a disponibilidade e a estabilidade dos alimentos estão sobretudo associadas à aberração das alterações climáticas. Num país, a segurança alimentar existe quando o seu acesso físico, social e económico é suficiente e seguro e quando satisfaz as suas necessidades dietéticas diárias e tem preferências alimentares para uma vida saudável. Estas quatro dimensões da segurança alimentar são mencionadas de seguida: Disponibilidade de alimentos: Mostra que estão disponíveis quantidades suficientes de alimentos de qualidade adequada e que podem ser fornecidos através da produção interna.

Acesso aos alimentos: Mostra a quantidade adequada de alimentos nutritivos que pode ser adquirida/direita por todos os indivíduos na área. Por direitos entende-se um conjunto de todos os bens em que uma pessoa vive e estabelece um comando, tendo em conta as disposições jurídicas, políticas, económicas e sociais da comunidade.

Utilização de alimentos: A utilização de alimentos nutritivos, água limpa, disponibilidade de instalações sanitárias higiénicas e cuidados de saúde constituem um estado de bem-estar nutricional para satisfazer todas as necessidades fisiológicas.

Estabilidade alimentar: Para ter segurança alimentar, todos os indivíduos devem ter acesso a uma quantidade adequada de alimentos nutritivos em qualquer altura. Não devem enfrentar problemas de perda de acesso aos alimentos devido a choques súbitos, tais como crises naturais, climáticas ou económicas ou acontecimentos cíclicos. Por outras palavras, a estabilidade alimentar refere-se às dimensões de disponibilidade, acesso e utilização da segurança alimentar. De acordo com o relatório do Banco Mundial de 2010, o Programa Global de Resposta à Crise Alimentar foi desenvolvido para 40 países com o objetivo de melhorar a produção e a produtividade agrícolas e também de aumentar as suas despesas anuais com a agricultura. A produção agrícola é uma componente importante da segurança alimentar e é um processo bidirecional: produz alimentos para as pessoas e constitui a principal fonte de subsistência para 36% de toda a mão de obra mundial. Nos países densamente povoados da Ásia e do Pacífico, esta percentagem varia entre 40 e 50%, enquanto na África Subsariana, dois terços da população ativa ainda vivem da agricultura (OIT, 2007). Na Índia, 80% da população depende da agricultura para a sua subsistência. Se a produção agrícola nos países em desenvolvimento de baixos rendimentos da Ásia e de África for desfavoravelmente afetada pelas alterações climáticas, os meios de subsistência de uma grande parte da população rural pobre correrão o risco de aumentar a insegurança alimentar (FAO, 2008). A agricultura, a horticultura, a pecuária, a silvicultura e a pesca são todos susceptíveis ao clima. Os processos de produção de todo o sector são susceptíveis de ser afectados pelas alterações climáticas. No entanto, um sistema alimentar é vulnerável quando uma ou mais das quatro componentes da segurança alimentar, como a disponibilidade, a acessibilidade, a utilização e a estabilidade do sistema alimentar, são afectadas e perturbadas.

Os países em desenvolvimento também continuam vulneráveis às alterações climáticas devido à subida do nível do mar, às inundações, à salinização dos solos, à intrusão da água do mar nas lentes de água doce e à diminuição do abastecimento de água doce. O aumento da temperatura da superfície do mar, a subida do nível do mar e os danos causados pelos ciclones tropicais também afectaram a pesca. Também na Ásia, a diminuição do rendimento das culturas em muitas regiões agravou o risco de fome. A incerteza dos impactos das alterações climáticas, que estão ligados ao momento, à intensidade e à combinação das alterações, juntamente com as consequências em múltiplos sectores inter-relacionados para além da agricultura (por exemplo, saúde, energia, economia, migração, etc.), contribuem para um processo altamente complexo, difícil e contínuo. A ocorrência da vulnerabilidade às alterações climáticas afecta a agricultura, a pecuária, o ambiente e a segurança alimentar das seguintes formas

Aumento da temperatura:- As alterações climáticas aumentam a temperatura da superfície e o CO_2 presente na atmosfera e a intensa radiação solar direta sobre a terra, o que aumenta a taxa de evapotranspiração das culturas, reduz o nível de água, diminui o teor de humidade do solo, etc. Um aumento da temperatura média global entre 1,4° e 5,8° C, que provocará a secura das folhas, o crescimento atrofiado, a murchidão, o fim da fotossíntese e rendimentos baixos ou nulos (Ayoade, 2010).

Distribuição desigual da precipitação:- Há uma mudança drástica no padrão de precipitação e na sua duração, o que prejudica diretamente o crescimento das plantas, resultando na redução do rendimento das culturas, na alteração do padrão de cultivo e da duração das culturas, na redução da produção alimentar e da produção agrícola.

Incidência de pragas e doenças:- Devido às alterações climáticas, a incidência de pragas e doenças das culturas aumenta, tanto nas culturas como no gado, e surgem também algumas novas pragas e doenças desconhecidas. Esta situação provoca grandes perdas de culturas e de produção na agricultura e nos sectores conexos.

Crise alimentar: - Devido às alterações climáticas, a temperatura aumenta, a distribuição desigual da precipitação ocorre, a incidência de pragas e doenças nas culturas aumenta, o que afecta diretamente o rendimento das culturas e resulta em crises alimentares, fome e fome, que aumentam todos os anos.

Migração rural:- A redução da produção pode perturbar o bem-estar socioeconómico e a perda de capital resulta numa pressão sobre a população rural para se deslocar ou migrar para outras zonas (urbanas) ou empresas. Isto é para aqueles que podem não querer ou não ser capazes de se adaptar, o que levará a uma mudança no sistema de subsistência dos habitantes rurais que os fará migrar em busca de pastagens mais verdes (Ziervogel e Calder, 2003).

Perdas de capital:- As alterações climáticas provocam enormes perdas de rendimento na produção agrícola. Na Índia, a maioria da população depende dos seus meios de subsistência e, se esta situação se mantiver, a pobreza e a privação aumentarão.

Calamidades naturais: - Devido às alterações climáticas, ocorrem fenómenos meteorológicos extremos, como inundações, erosão, deslizamentos de terras e secas. Assim, causaram mais destruição ou perda de terras agrícolas, bem como de produção. Ayoade (2010) identificou um possível aumento na ocorrência e intensidade de tempestades tropicais, incluindo furacões, resultante das alterações climáticas.

Desequilíbrio nutricional:- Muitos estudos afirmam que a subida das temperaturas e o aumento do nível de CO2 conduzem a uma redução da absorção de azoto pelas plantas e resultam num menor valor nutricional das culturas. Com o aumento da temperatura e do CO2 no ambiente, o teor de proteínas no grão das culturas diminui.

Perturbação da biodiversidade: - As alterações climáticas provocarão a perda de flora e fauna no nosso valioso ecossistema, o que terá um impacto negativo na biodiversidade agrícola e noutras. Devido às alterações climáticas, a vida selvagem e os recursos naturais ficarão em perigo e algumas espécies extinguir-se-ão.

Perigo para a saúde:- Devido às temperaturas mais elevadas, à má qualidade da água fornecida e ao baixo valor nutritivo das culturas, a deterioração da saúde da população aumentou. A deterioração da saúde afectará a oferta de mão de obra agrícola, resultando numa baixa produção de alimentos e no aumento da insegurança alimentar.

Redução do crescimento e do desenvolvimento das culturas:- A duração do crescimento e do desenvolvimento das culturas depende da temperatura, da precipitação e da humidade. Um aumento da temperatura acelera o desenvolvimento das culturas. Nas culturas anuais, se a sementeira e a colheita de uma cultura forem encurtadas, isso terá um efeito adverso na produtividade, porque a senescência ocorrerá mais cedo. As alterações climáticas provocarão um aumento substancial da duração da estação de crescimento nas latitudes médias e altas (Ayoade, 2010). Para a adaptação da agricultura, especialmente nas zonas rurais dos países em desenvolvimento, são necessárias estratégias sem arrependimento, independentemente da direção ou da magnitude das alterações (ICIMOD, 2010).

No atual cenário de formação e aplicação de estratégias de extensão, as intervenções estratégicas inauguram uma nova era de perspetiva de solução das alterações climáticas. Num cenário global, o desenvolvimento de diferentes tecnologias, especialmente na agricultura, tenta resolver o dinamismo da situação microclimática. Por vezes, reflectiu-se que algumas das tecnologias tiveram um impacto negativo nas alterações climáticas, mas nem todas as tecnologias são prejudiciais. Assim, do ponto de vista da extensão, a disseminação de novas ideias cria um cenário agrícola de conhecimento intensivo. A demonstração de tecnologia adaptativa e a socialização sensibilizam as pessoas através da Escola de Campo para Agricultores e fornecem uma solução tecnológica de janela única para mitigar os efeitos das alterações climáticas. Na era recente, o desenvolvimento e a transferência de tecnologia participativa é outra área para resolver o impacto nocivo das alterações climáticas. A aplicação das tecnologias da informação e da comunicação está também a criar um ambiente para capacitar a população rural a obter uma solução para o impacto negativo. Entre as tecnologias da informação, o sistema pericial desempenha um papel vital na alteração do comportamento da população local em certos casos. Também ajuda a desenvolver conhecimentos numa situação de agricultura intensiva, enfrentando os desafios. A exposição de diferentes tecnologias desenvolve a mentalidade das pessoas para atenuar a perspetiva das alterações climáticas. A fusão dos conhecimentos implícitos com os conhecimentos tecnológicos abre caminho ao desenvolvimento de um pacote tecnológico intensivo para reduzir a ameaça das alterações climáticas na agricultura. Os serviços de extensão foram tradicionalmente concebidos como o mecanismo para pôr em prática os conhecimentos baseados na investigação, com uma forte incidência no aumento da produção agrícola. Observou-se que a extensão agrícola está envolvida em programas públicos de informação e educação que poderiam ajudar os agricultores a mitigar os efeitos das alterações climáticas (Nicholas e Nnaji, 2011). Inverter as implicações das alterações climáticas é um processo a longo prazo e o facto de não se adaptarem às mudanças terá implicações adicionais na produtividade agrícola. Assim, devem ser adoptadas medidas de adaptação para minimizar a sensibilidade de um sistema às alterações das condições climáticas ou para explorar novas oportunidades. As práticas de gestão agrícola devem ser alteradas para fazer face à alteração das condições climáticas. A adaptação é, no entanto, um processo complexo, uma vez que as alterações climáticas têm efeitos variáveis em diferentes regiões. Por conseguinte, os riscos e oportunidades relacionados com as alterações climáticas também variam consoante a região, razão pela qual as estratégias de adaptação devem ser desenvolvidas com base nessas variações.

Tendo tudo isto em mente, o presente estudo foi concebido para avaliar a vulnerabilidade das alterações climáticas na agricultura devido aos discursos sobre as alterações climáticas e definir ou explorar o caminho ou estratégias de extensão definitivas para evitar a vulnerabilidade das alterações climáticas na agricultura, a fim de garantir a segurança alimentar.

São delineados os seguintes objectivos específicos do estudo:

J Estudar os atributos sócio-pessoais, sócio-económicos, de comunicação da extensão e sócio-psicológicos dos produtores agrícolas.

J Identificar os diferentes aspectos da segurança alimentar afectados pelas alterações climáticas.

J Avaliar a vulnerabilidade às alterações climáticas na agricultura.

J Isolar os factores associados à vulnerabilidade às alterações climáticas na agricultura.

J Identificar as estratégias de extensão existentes para fazer face à vulnerabilidade na agricultura.

J Sugerir a reforma das estratégias de extensão existentes para implicações futuras.

O estudo do papel de mitigação das agências de extensão será útil na formulação de estratégias adequadas para combater as alterações climáticas. As estratégias sugeridas no presente estudo ajudam os decisores políticos, o Governo e as organizações não governamentais a desenvolver estratégias de extensão adequadas à adaptação e mitigação das alterações climáticas para uma agricultura sustentável.

Necessidade do estudo

Como consequência da gigantesca pressão populacional sobre a Terra, desenvolveu-se uma situação eglómica no caso de se obter uma produção agrícola óptima através da mobilização dos recursos naturais disponíveis para alimentar uma enorme população num futuro próximo. A pressão populacional também contribui para diminuir a quantidade de terra para uso agrícola e obriga a uma intensificação extrema das práticas agrícolas através da intervenção tecnológica para satisfazer a procura de alimentos no futuro, mas a utilização extrema da tecnologia agrícola tem impacto na produção alimentar e na variabilidade das alterações climáticas. Observa-se que a agricultura dos países do terceiro mundo depende maioritariamente dos caprichos e dos limites do clima devido a alterações climáticas anormais (aumento da temperatura, diminuição da precipitação, diminuição do lençol freático, maior infestação de pragas e doenças, etc.). O risco relacionado com a produção agrícola e a segurança alimentar aumenta de dia para dia. O risco acaba por criar uma vulnerabilidade às alterações climáticas na agricultura para garantir a segurança alimentar de uma população cada vez maior.

Para atenuar o risco de vulnerabilidade às alterações climáticas na agricultura, a fim de garantir a segurança alimentar num país como a Índia, seriam necessários efeitos consorciados para preparar uma estratégia de extensão de aprovação com a ajuda de alguns princípios e métodos da ciência da extensão. A estratégia pode incluir a sensibilização para a vulnerabilidade às alterações climáticas, a demonstração de práticas agrícolas para atenuar os discursos sobre as alterações climáticas, a integração de conhecimentos lícitos com conhecimentos implícitos e a aplicação das TIC. Mas antes de delinear a estratégia de extensão adequada, é necessário identificar a vulnerabilidade à mudança climática na agricultura. Nesta perspetiva de investigação, o presente estudo foi conceptualizado para *"Revisitar as estratégias de extensão para evitar as vulnerabilidades às alterações climáticas na agricultura para garantir a segurança alimentar"*.

Limitações do estudo

As seguintes limitações foram observadas pela investigação durante o presente estudo

❖ O presente estudo relaciona-se com a estratégia de extensão para mitigar o impacto das alterações climáticas, tendo em conta as limitações de tempo e de recursos com que o investigador se deparou. Como o paradigma concetual da estratégia diversificada de extensão para mitigar as diferentes dimensões dos discursos sobre as alterações climáticas é complexo e considera um bom número de variabilidades na situação local no caso de operacionalizar todo o conceito. No entanto, foi necessário um cuidado e uma reflexão consideráveis para tornar o estudo mais objetivo e sistemático.

❖ O presente estudo envolve a recolha de informações junto dos agricultores e a sua perceção foi registada para compreender o impacto situacional das alterações climáticas na agricultura e a estratégia de extensão adequada para fazer face ao impacto das alterações climáticas. Por conseguinte, a exatidão das respostas, que se baseou principalmente na recordação e na perceção da resposta, pode, apesar dos melhores esforços do investigador, deixar uma margem de erro.

❖ Muitas vezes, o inquirido ao nível da aldeia não consegue investir tempo suficiente para aprofundar a construção, o conceito e o conteúdo das ferramentas preparadas para o estudo.

❖ No entanto, pode reconhecer-se que as conclusões do estudo devem ser generalizadas para além do limite da localização geográfica objeto de investigação.

❖ O estudo trata de diferentes variabilidades situacionais das alterações climáticas e da estratégia de extensão diversificada que são muito específicas e complexas. Consequentemente, a exploração e a generalização do estudo não são cumpridas.

❖ O conhecimento científico das estratégias de extensão agrícola adoptadas devido às alterações climáticas está a aumentar constantemente, tal como as experiências práticas de resposta às necessidades de adaptação. No entanto, este conhecimento não foi totalmente explorado, o que colocou muitos problemas na recolha de análises.

❖ A falta de investigação e de provas credíveis sobre os impactos das alterações climáticas constituiu um grande desafio para determinar a exatidão das conclusões.

❖ As questões seleccionadas foram consideradas em estudo devido ao conhecimento limitado dos agricultores locais sobre questões básicas como a natureza e a escala dos aspectos da segurança alimentar afectados pelas alterações climáticas e o aspeto dos meios de subsistência.

Organização da tese

O trabalho de dissertação está organizado em vários capítulos para desenvolver todo o conteúdo relacionado com a estratégia de extensão para evitar as alterações climáticas na área de estudo. O primeiro capítulo trata do enunciado do problema, dos objectivos específicos do estudo, da necessidade do estudo, da limitação do estudo e da organização da dissertação e é designado por "Introdução". O segundo capítulo trata dos diferentes tipos de literatura que foram revistos e que estão direta e indiretamente relacionados com o estudo e é designado por "Revisão da Literatura". O terceiro capítulo está associado às teorias relacionadas com o presente estudo e é designado por "Orientação Teórica". O quarto capítulo trata da descrição do local da investigação e é designado por "Contexto da investigação". O quinto capítulo apresenta uma ideia aprofundada dos métodos e instrumentos utilizados no presente estudo e é designado por "Metodologia da investigação". O sexto capítulo é "Resultados e Discussão", que descreve a apresentação dos resultados após a análise com tabelas, gráficos e a discussão relacionada com o resultado. O sétimo capítulo trata da síntese de todo o conteúdo da tese e da recomendação do resultado para a implicação política e é designado por "Resumo e Conclusão". Outra discussão é incorporada na tese com o nome de "Âmbito futuro da investigação". A tese termina com a "Bibliografia" e o "Apêndice".

CAPÍTULO 2

REVISÃO DA LITERATURA

Uma revisão da literatura é uma documentação do tipo de trabalho de investigação anterior semelhante recebido pelo investigador. A principal função da revisão da literatura consiste em estudar as técnicas adoptadas, os resultados obtidos por investigadores anteriores e contemporâneos, os conhecimentos de investigadores activos, teóricos e profissionais em vários domínios sobre diferentes aspectos do estudo e também em conhecer os problemas e as lacunas no domínio específico da investigação. Tendo em conta os objectivos do estudo, a revisão da literatura foi apresentada nos seguintes subtítulos:

2.1 Alterações climáticas e agregados familiares rurais e agricultura

2.2 Alterações climáticas e perceção dos agricultores rurais

2.3 Vulnerabilidade às alterações climáticas

2.4 Impacto das alterações climáticas na agricultura e sectores conexos

2.5 Alterações climáticas na segurança alimentar

2.6 Estratégias de adaptação à vulnerabilidade às alterações climáticas

2.7 Restrições nas estratégias de adaptação devido às alterações climáticas

2.8 Relação entre os factores sócio-pessoais, sócio-económicos, de extensão-comunicação e sócio-psicológicos dos agricultores com as medidas de adaptação às alterações climáticas

2.1 Alterações climáticas e agregados familiares rurais e agricultura

As alterações climáticas acrescentam complexidade à segurança dos meios de subsistência dos agregados familiares, e a abordagem dos meios de subsistência sustentáveis limita-se às questões da capacidade de adaptação e da sensibilidade às alterações climáticas (Hahn et al., 2009).

Apata et al. (2009) examinaram a perceção das pessoas sobre as alterações climáticas e a adaptação entre os agricultores de culturas arvenses no sudoeste da Nigéria. Segundo este estudo, é necessário que os economistas agrícolas e outras partes interessadas na gestão ambiental e na sustentabilidade agrícola nos países em desenvolvimento se familiarizem com os impactos negativos das alterações climáticas e com as estratégias de resposta positivas e benéficas ao aquecimento global.

Swaminathan (2009) afirmou que a sensibilização para o clima ao nível das bases nas Nações Unidas poderia ajudar as comunidades locais a gerir melhor o impacto adverso das alterações climáticas. Introduziu também o conceito de gestores de riscos climáticos a nível local, que podem difundir a literacia climática e genética e sensibilizar as pessoas a nível local para as alterações climáticas.

Liu et al. (2013) verificaram que havia uma tendência de aquecimento no período de cultivo do arroz na região de Taihu. A precipitação e as horas de sol na época de cultivo do arroz mostraram uma tendência decrescente nos últimos 30 anos. A contribuição individual das alterações climáticas, da melhoria dos solos, da atualização das variedades e do progresso da gestão na produtividade do arroz foi estimada em 19,5%, 12,7%, 21,7% e 34,6%, respetivamente.

2.2 Alterações climáticas e perceção dos agricultores rurais

Maddison (2006) estudou a sensibilização e a adaptação dos agricultores às alterações climáticas em África e revelou que os agricultores de 10 países acreditavam que as temperaturas médias tinham aumentado e os níveis de precipitação tinham diminuído. Uma maioria considerável também acreditava ter assistido a uma mudança na altura das chuvas. Este resultado foi apoiado pela análise de dados climáticos secundários.

Gebitobo (2007) realizou um estudo sobre a perceção e adaptação dos agricultores às alterações e variabilidade climáticas na bacia do Limpopo. As percepções dos agricultores são examinadas para corresponder aos dados climáticos das estações meteorológicas. A análise estatística dos dados climáticos mostra que a temperatura tem aumentado ao longo dos anos. A precipitação é caracterizada por uma grande variabilidade interanual. De facto, a análise mostrou que a perceção dos agricultores sobre as alterações climáticas está de acordo com os registos de dados climáticos.

Gbetibbou (2008) estudou a consciencialização e/ou perceção dos agricultores sobre as alterações climáticas e a sua variabilidade na bacia do rio Limpopo e observou que cerca de 91% dos agricultores percepcionaram um aumento da temperatura e 81% dos inquiridos relataram uma diminuição da precipitação nos últimos 20 anos. Esta perceção foi confirmada por registos estatísticos entre 1960 e 2003. Também referiu que ter solo fértil e acesso a água para irrigação diminui a probabilidade de os agricultores percepcionarem as alterações climáticas, enquanto que a educação, a experiência e o acesso a serviços de extensão aumentam a probabilidade de os agricultores percepcionarem as alterações climáticas.

Battaglini et al. (2009) realizaram um estudo sobre as percepções dos viticultores europeus sobre as alterações climáticas e as suas opções de adaptação. O estudo indicou que as alterações climáticas em curso nas últimas décadas tinham uma percentagem significativamente elevada de viticultores que se adaptavam às alterações climáticas. A adaptação à mudança climática foi evidenciada por uma mudança na qualidade percebida e na quantidade produzida. As medidas de adaptação incidiram na irrigação e na gestão das pragas. Os viticultores não adaptaram as medidas de adaptação devido à falta de conhecimentos sobre a seleção das variedades correctas a plantar.

Sharma (2010) estudou a sensibilização e as percepções do efeito das alterações climáticas em Himachal Pradesh. Os resultados revelaram que dois terços dos inquiridos estavam conscientes das alterações climáticas. Uma maioria significativa tinha conhecimento de vários tipos de alterações no clima, como o aumento da poluição, o degelo dos glaciares, os incidentes com ciclones, o aumento da quebra de colheitas e a subida do nível do mar. A maioria dos inquiridos apercebeu-se de uma diminuição da produção de cereais, de uma diminuição da qualidade dos frutos, da frequência da precipitação e da erosão dos solos, o que teve efeitos adversos na produção de frutos. A perceção geral dos inquiridos sobre os impactos das alterações climáticas, tal como revelado pelos dados, foi de que 36% dos inquiridos se aperceberam dos efeitos de uma alteração no clima. 40% eram neutros, ou seja, não consideravam que as alterações climáticas tivessem efeitos sobre eles. 54% alteraram os seus padrões de cultivo e as principais razões para a mudança foram as horas de refrigeração inadequadas necessárias, especialmente para as frutas. No que diz respeito à agricultura, os inquiridos perceberam que a utilização de fertilizantes e pesticidas tinha aumentado devido às alterações climáticas. Isto estava a aumentar as despesas das famílias com as actividades agrícolas.

Dhaka et al. (2010) estudaram a sensibilização dos agricultores para as alterações climáticas e a sua variabilidade no distrito de Bundi, no Rajastão. O estudo revelou que um número significativo de agricultores acredita que a temperatura já aumentou e a precipitação diminuiu, juntamente com o início tardio e a retirada antecipada da monção com longos períodos de seca.

Sarkar e Padaria (2010) estudaram a sensibilização e a perceção de risco dos agricultores relativamente às alterações climáticas na costa de Bengala Ocidental. Observaram que quase 38% dos inquiridos tinham ouvido falar de alterações climáticas. A maior parte dos inquiridos tinha a perceção de que as alterações climáticas se deviam à rápida industrialização dos seres humanos. As pessoas estavam mais conscientes de fenómenos como o aumento da temperatura, a redução da produção agrícola e pecuária, o aumento das doenças, o aumento do nível do mar, etc., do que de fenómenos como a ocorrência frequente de ciclones, ondas de frio, nevoeiro intenso e precipitação. As consequências sentidas devido às alterações climáticas foram muito elevadas no item - redução da produção agrícola", seguido de "haverá uma migração em grande escala ou êxodo de pessoas e animais de Sunderban". O aumento das doenças devido às alterações climáticas foi o principal risco percebido pelos inquiridos nos sectores da agricultura, da pecuária, da pesca e da saúde humana. Os principais riscos relacionados com a silvicultura e a biodiversidade incluíam a diminuição da área florestal e a redução de certas espécies de plantas, animais e aves. Um aumento da pobreza foi o principal risco percebido pelos inquiridos no âmbito da vida socioeconómica e cultural.

Singh et al. (2011) avaliaram as consequências das alterações climáticas nos meios de subsistência rurais dos agricultores do distrito de Ribhoi, em Meghalaya. Os agricultores referiram que a precipitação era mais elevada nos primeiros dias do que nos últimos e menos errática, tendo cerca de 90-95% dos homens e das mulheres referido uma perda de rendimento devido às alterações climáticas. O aumento da temperatura foi referido por 80 a 90 por cento dos homens e mulheres, respetivamente.

Angles et al. (2011) realizaram um estudo no distrito de Dharmapuri, em Tamil Nadu, para explorar a consciencialização do impacto das alterações climáticas na agricultura de sequeiro. Verificou-se que a maior parte dos agricultores não era capaz de exprimir diretamente a sua perceção das alterações climáticas, mas exprimiam-na através do efeito das alterações ocorridas em comparação com os anos anteriores ou com base na experiência dos mais velhos.

Deressa et. al (2011) estudaram a perceção e a adaptação às alterações climáticas por parte dos agricultores da bacia do Nilo, na Etiópia. O estudo observou que 51% dos agricultores inquiridos estavam conscientes do aumento da temperatura e 53% da diminuição da precipitação nos últimos 20 anos.

Sofoluwe et al. (2011) analisaram a perceção dos agricultores sobre as alterações climáticas no estado de Osun, na Nigéria. Foi referido que 75% dos agricultores da área de estudo estavam conscientes do aumento da temperatura e do declínio da precipitação. A perceção da precipitação mostra que 42,3% dos inquiridos se aperceberam de um declínio no nível de precipitação.

2.3 Vulnerabilidade às alterações climáticas

Cannon (2001) desenvolveu um modelo de análise da vulnerabilidade que incluía todos os tipos de vulnerabilidade das pessoas aos riscos naturais em quatro rubricas - Bem-estar inicial (condição física e mental, estado nutricional); resiliência dos meios de subsistência (a capacidade de regressar a actividades de subsistência anteriores ou novas para assegurar as necessidades); Auto-proteção (capacidade e vontade das pessoas de se protegerem de riscos conhecidos); Proteção social (a presença de precauções contra os riscos proporcionadas por níveis da sociedade acima do agregado familiar).

West (2002) criou um índice de vulnerabilidade para a avaliação da vulnerabilidade a nível nacional com base numa série de indicadores retirados maioritariamente de fontes publicadas. Também desenvolveu um índice de vulnerabilidade para cada país.

Meinke et. al (2004) efectuaram um estudo e salientaram uma melhor compreensão dos impactos da variabilidade climática e das vulnerabilidades relacionadas com o clima.

Regmi et al. (2010) desenvolveram um conjunto de ferramentas, que é uma ferramenta participativa útil para identificar os riscos climáticos e, subsequentemente, analisar a vulnerabilidade e a capacidade de adaptação com base nos activos dos meios de subsistência.

Tambe et al. (2011) avaliaram o perfil de vulnerabilidade relacionado com o clima ao nível do Gram Panchayat de Sikkim. O índice de vulnerabilidade relacionada com o clima dos 163 Gram Panchayats tinha uma média de 0,43 ± 0,22. Identificaram as zonas mais vulneráveis, que se concentram na zona subtropical dos distritos do Sul e do Oeste. Estas zonas incluem os blocos de Melli, Jorethang, Sikkip, Namchi, Namthang, Soreng e Kaluk. Em geral, estes resultados estão de acordo com as percepções comuns, uma vez que estas aldeias enfrentam a maior exposição às alterações climáticas, o que, associado a uma elevada sensibilidade e a uma baixa capacidade de adaptação, resulta numa elevada vulnerabilidade. O distrito Sul foi considerado o mais vulnerável, seguido do distrito Oeste. Os distritos Leste e Norte foram considerados relativamente resistentes às alterações climáticas. Contudo, áreas como Karzi-Mangnam e Sakyong-Pentong, que não estavam muito expostas, foram consideradas altamente vulneráveis devido à elevada sensibilidade e à baixa capacidade de adaptação.

Deressa et al. (2008) analisaram a vulnerabilidade dos agricultores etíopes ao nível do agregado familiar e operacionalizaram a vulnerabilidade como pobreza esperada no futuro. Fixaram 2 USD como ponto de corte para um agregado familiar estar abaixo do limiar de pobreza. Verificou-se que quase todos os agricultores inquiridos estavam abaixo do limiar de pobreza e que o seu cenário socioeconómico será mais grave no futuro.

Subash et al. (2011) avaliaram a vulnerabilidade das comunidades agrícolas às alterações climáticas em diferentes zonas agro-climáticas do Norte de Karnataka. O estudo indicou que a Zona de Transição do Nordeste é a zona agro-climática mais vulnerável, seguida da Zona Seca do Norte, da Zona de Transição do Norte, da Zona Seca do Norte e da Zona Montanhosa/Costeira. A vulnerabilidade dos agricultores da região foi influenciada principalmente por factores como a cobertura florestal, a taxa de produção alimentar por ano, a área irrigada existente, a percentagem de pobreza da população e o período de seca sazonal. A Zona de Transição Norte-Este mostrou severidade em todos estes critérios, tornando-a a zona mais vulnerável.

Ashoke e Sasikala (2012) estudaram a vulnerabilidade dos agricultores à variabilidade da precipitação no distrito de Pudukkottai, em Tamil Nadu, através da abordagem do Índice de Vulnerabilidade dos Meios de Subsistência - IPCC. O estudo revelou que o índice LVI-IPCC era de 0,061 para os blocos com precipitação abaixo do normal e para os blocos com precipitação acima do normal era de 0,051, indicando uma vulnerabilidade marginalmente mais elevada das famílias nos blocos com precipitação abaixo do normal.

Rao et al. (2013) apresentam a análise da vulnerabilidade da agricultura às alterações climáticas e à variabilidade a nível distrital porque a maior parte do planeamento do desenvolvimento e da execução do programa é feita a nível distrital na Índia. Além disso, a maior parte dos dados não climáticos que fazem parte integrante da avaliação da vulnerabilidade às alterações climáticas e do planeamento da adaptação estão disponíveis a nível distrital. A análise foi efectuada para os 572 distritos rurais que constam do Censo de 2001 da Índia. O estudo concluiu que a análise de diferentes indicadores relacionados com as projecções climáticas também revelou alguns distritos onde é provável que a precipitação anual aumente e que o número de dias de chuva aumente, o que apresenta algumas oportunidades para a recolha de mais água da chuva, o que pode ajudar a melhorar a produção e a produtividade das culturas. O estudo sugeriu que há necessidade de redesenhar as estruturas e estratégias de recolha de água da chuva para lidar com um maior escoamento num período mais curto, de modo a que o excedente de água seja recolhido, evitando também a perda de solo. Existem também alguns distritos onde se prevê que a incidência da seca diminua. Os planos e estratégias devem, por conseguinte, ser postos em prática para otimizar os rendimentos das culturas e os rendimentos de tais situações melhoradas. Estas oportunidades podem ser aproveitadas de forma vantajosa, o que constituirá um passo significativo para tornar a agricultura indiana mais resistente ao clima e mais inteligente.

Um estudo efectuado por Kelkar et al. (2011) sobre a avaliação da vulnerabilidade das cidades indianas às alterações climáticas avaliou criticamente a vulnerabilidade das cidades indianas às alterações climáticas no contexto do desenvolvimento sustentável. São desenvolvidos indicadores à escala da cidade para múltiplas dimensões de segurança e vulnerabilidade. A análise de factores é utilizada para construir uma classificação da vulnerabilidade de 46 grandes cidades indianas. O estudo revelou que elevados níveis agregados de riqueza não tornam necessariamente uma cidade menos vulnerável e que as cidades com oportunidades económicas diversificadas podem adaptar-se melhor aos novos riscos colocados pelas alterações climáticas do que as cidades com oportunidades unipolares. Por último, as cidades altamente poluídas são mais vulneráveis aos impactes das alterações climáticas na saúde, e as cidades com um grave esgotamento das águas subterrâneas terão dificuldade em fazer face a uma maior variabilidade da precipitação. O estudo também sugeriu que a elaboração de políticas deve promover uma maior apreciação dos aspectos multidimensionais da sustentabilidade e da vulnerabilidade.

A GIZ (2014) explicou o procedimento para avaliar a vulnerabilidade dos distritos em Madhya Pradesh e também foi desenvolvido um Índice de Vulnerabilidade Composto (IVC). A Análise de Componentes Principais (ACP) foi utilizada para reduzir o número de variáveis indicadoras e para calcular os pesos relativos das variáveis que determinam os valores da exposição, sensibilidade e capacidade de adaptação ao clima. Com base nestes três valores, a vulnerabilidade às alterações climáticas foi calculada da seguinte forma:

Vulnerabilidade = Sensibilidade + Exposição - Capacidade de adaptação

Isto pode, por sua vez, ser escrito como:

$$V = (wS1 + wS2 + ... + wSn + wE1 + wE2 + ... + wEn) - (wA1 + wA2 + ... + wAn)$$

Em que V é o índice de vulnerabilidade, w é o peso obtido a partir das pontuações da ACP, A1 a An são os indicadores da capacidade de adaptação, S1 a Sn são os indicadores da sensibilidade às alterações climáticas e E1 a En são os indicadores da exposição climática do sistema de interesse. Um valor líquido mais elevado para V indica uma menor vulnerabilidade, enquanto valores baixos indicam uma maior vulnerabilidade às alterações climáticas.

Kumar (2016) explorou os efeitos das alterações climáticas na agricultura de várias formas, incluindo alterações nas temperaturas médias, na precipitação e nos extremos climáticos alterações nas pragas e doenças; alterações nas concentrações de dióxido de carbono atmosférico e de ozono troposférico; alterações na qualidade nutricional de alguns alimentos. As alterações climáticas podem ter consequências benéficas e prejudiciais para a agricultura. A produção alimentar terá de aumentar 50 a 70% até 2050 para satisfazer as necessidades da população mundial em expansão. A diminuição do rendimento das colheitas devido a secas prolongadas, padrões de precipitação pouco fiáveis, inundações e granizo poderá deixar centenas de milhões de pessoas sem capacidade para produzir ou adquirir alimentos e bens domésticos suficientes, conduzindo à insegurança, à subnutrição e a problemas de saúde.

2.4 Impacto das alterações climáticas na agricultura e sectores conexos

Kumar e Parikh (2001a) examinaram o impacto das alterações climáticas no rendimento das culturas agrícolas indianas, no PIB e no bem-estar, considerando uma série de cenários de alterações climáticas de equilíbrio e um aumento de temperatura projetado de 2,50°C a 4,90°C. Estimaram que, sem ter em conta os efeitos da fertilização com dióxido de carbono, as perdas de rendimento do arroz e do trigo variam entre 32 e 40 por cento e entre 41 e 52 por cento, respetivamente, e que o PIB diminuiria entre 3,4 e 1,80 por cento.

Fischer et al., (2002) referiram que a procura de irrigação nas regiões áridas e semi-áridas da Ásia está a aumentar pelo menos 10% para um aumento da temperatura de 1°C.

Fischer, et al. (2002) referiram que o impacto das alterações climáticas no PIB agrícola mundial se situará entre -1,5% e +2,6% até 2080, com variações regionais consideráveis.

Lautze et al. (2003), no seu estudo intitulado "Risco e vulnerabilidade na Etiópia", referiram que, apesar de haver uma longa história de secas, a sua frequência aumentou nas últimas décadas, especialmente nas terras baixas.

Meinke et al. (2004) estudaram a aplicação de informação climática para aumentar a resiliência dos sistemas agrícolas expostos a riscos climáticos no Sul e Sudeste Asiático. Os autores sublinharam uma melhor compreensão dos impactes da variabilidade climática e das vulnerabilidades relacionadas com o clima. Os resultados revelaram que a maioria dos agricultores (70,00%) em Thamaraikulam mudou as suas culturas de algodão para sorgo precoce. Também se observou que alguns dos agricultores reduziram as suas densidades de plantação de amendoim. Cerca de 20,00% dos agricultores que plantavam algodão abandonaram as suas culturas em agosto.

A FAO (2005), no seu relatório sobre o impacto das alterações climáticas na agricultura, pragas e doenças na segurança alimentar e na redução da pobreza nos países em desenvolvimento, afirma que 11% das terras aráveis poderão ser afectadas pelas alterações climáticas, incluindo uma redução da produção de cereais em 65 países e cerca de 16% do PIB agrícola.

Adejuwon, 2006, realizou um estudo utilizando o modelo de culturas EPIC para fazer projecções do rendimento das culturas durante o século XXI para a Nigéria e encontrou um mau cenário de alterações climáticas para o milho, sorgo, arroz, painço e mandioca.

Guiteras (2007) realizou um estudo sobre a estimativa dos impactos económicos das alterações climáticas na agricultura indiana a curto e médio prazo. Uma vez que a agricultura contribui com cerca de 20% do PIB da Índia, o custo das alterações climáticas é de 1 a 1,8% do PIB por ano a médio prazo. De acordo com as suas estimativas, os efeitos climáticos a curto prazo estão também relacionados com a previsão do impacto económico a médio prazo das alterações climáticas, se os agricultores forem limitados na sua capacidade de reconhecer e adaptar-se rapidamente às alterações do clima médio. O impacto previsto a médio prazo é negativo e estatisticamente significativo. A partir do resultado estimado, o autor sugeriu também que as alterações climáticas são susceptíveis de impor custos significativos à economia indiana, a menos que os agricultores consigam reconhecer e adaptar-se rapidamente ao aumento das temperaturas. Esta adaptação rápida pode ser menos plausível num país em desenvolvimento, onde o acesso à informação e ao capital é limitado.

Kashyapi et. al. (2008) fazem uma análise crítica do impacto das alterações climáticas com o objetivo de fornecer uma visão global do assunto. Os impactos das alterações climáticas previstas incluem alterações em muitos aspectos da biodiversidade. Um estudo mais aprofundado observou também as alterações nas culturas no que respeita à fenologia, às práticas de gestão, às pragas, às doenças e aos rendimentos. Também foram analisados os impactos das alterações climáticas na agricultura dos diferentes continentes. O estudo abrangeu o aumento da temperatura, as alterações da precipitação, a subida do nível do mar e a concentração de CO2 atmosférico. A agricultura é o maior empregador do mundo e a mais dependente do clima de todas as actividades humanas. Simultaneamente, a agricultura é a mais vulnerável aos riscos climáticos e meteorológicos. Do total de perdas anuais de colheitas no mundo, a agricultura deve-se principalmente a impactos climáticos directos, nomeadamente secas, inundações, chuvas intempestivas, geadas, granizo, ondas de calor e de frio e tempestades severas. A principal conclusão deste estudo de impacto global é que as alterações climáticas têm potencial para alterar significativamente a produtividade da agricultura. Algumas zonas de elevada produtividade podem tornar-se menos produtivas ou vice-versa. Sugere-se também que as regiões tropicais e subtropicais podem ser mais susceptíveis de sofrer secas e perdas de produtividade das culturas.

Jarvis et al. (2008) realizaram um estudo sobre o efeito das alterações climáticas nas culturas, na agricultura, nos ecossistemas e no ambiente e referiram que se prevê que a produção agrícola diminua até 2030 em grande parte do sul e leste da Austrália e em partes do leste da Nova Zelândia devido ao aumento da seca e dos incêndios.

Anandhi (2010) estudou a "avaliação do impacto das alterações climáticas na duração das estações em Karnataka para os cenários SRES do IPCC" e discute a incerteza da duração das estações no estado de Karnataka, na Índia. As alterações nas estações e a duração das estações são um indicador neste estudo. Durante o estudo, as estações são classificadas com base em variáveis meteorológicas, tais como estações húmidas e secas com base na precipitação; estações quentes e frias com base na temperatura; estações ventosas e não ventosas com base no vento; e as suas combinações. O estudo conclui que não foi possível obter um agrupamento distinto quando o número de estações foi aumentado para além de três.

Anónimo (2010) afirmou que o impacto das alterações climáticas na pecuária é motivo de grande preocupação, uma vez que a maioria dos detentores de gado na Índia está nas mãos de pessoas com poucos recursos. Um pequeno aumento da temperatura tem um impacto negativo no crescimento, na reprodução e na produção. O gado cruzado e os búfalos são susceptíveis de sofrer mais do que o gado zebuíno, principalmente devido à diferença nos mecanismos de dissipação de calor e às maiores necessidades de água. Além disso, é provável que as alterações climáticas provoquem um aumento das doenças animais que são propagadas por insectos e vectores, principalmente devido ao aumento da temperatura e da humidade que favorece a sua propagação e crescimento.

Boubacar, (2010) constatou que a precipitação tem uma contribuição positiva significativa para o aumento do rendimento médio das culturas, ou seja, o aumento da precipitação, distribuído uniformemente ao longo da estação de crescimento, é benéfico para as culturas.

O Meridian Institute (2011) referiu que a agricultura será afetada pela temperatura média a longo prazo, pela precipitação e pela tendência do vento, bem como pela variabilidade climática, de acordo com o Quarto Relatório de Avaliação do Painel Intergovernamental sobre as Alterações Climáticas.

Ashalatha et al(2012) avaliam os impactos da seca avalia o impacto da seca no rendimento das culturas de sequeiro para identificar o nível de sensibilização para as alterações climáticas e para identificar os factores que influenciam a tomada de decisões sobre os mecanismos de resposta para mitigar os impactos das alterações climáticas. O estudo revelou que a variação climática, como a incidência da seca, tem um impacto significativo na produção de culturas de sequeiro. Os pequenos e médios agricultores eram mais vulneráveis às alterações climáticas e adoptaram em maior medida mecanismos de adaptação às alterações climáticas do que os grandes agricultores. Sugeriu também que, uma vez que os impactos das alterações climáticas estão a aumentar de dia para dia, devem ser abordados através de um ponto de vista político o mais cedo possível, a fim de evitar efeitos a curto prazo, como a perda de rendimento e de rendimento, e efeitos a longo prazo, como a suspensão da profissão agrícola pelos agricultores de sequeiro.

2.5 Alterações climáticas na segurança alimentar

Parry M. L., Rosenzweig, Iglesias, Livermore, & Fischer (20040 opinaram que os preços globais dos cereais deverão aumentar mais de três vezes até 2080, devido a um declínio da produtividade líquida decorrente das alterações climáticas previstas

Scholes e Biggs (2004) referiram que os sete factores crónicos mais frequentemente citados para a insegurança alimentar dos agregados familiares são a pobreza, a falta de educação, a indisponibilidade de emprego, o acesso deficiente ao mercado, o aumento do preço dos alimentos, o fracasso dos direitos dos pobres e o clima ou ambiente.

Parry, Rosenzweig, & Livermore(2005) afirmaram que as variações regionais na insegurança alimentar poderiam ser melhor explicadas pelas mudanças populacionais que o impacto na disponibilidade de alimentos

Schmidhuber & Tubiello (2007) identificaram que a dimensão da utilização da segurança alimentar será afetada pelas alterações climáticas através da capacidade dos indivíduos de utilizarem os alimentos de forma eficaz, através de uma alteração nas condições de segurança alimentar e através do aumento da pressão de doenças causadas por vectores, água e doenças de origem alimentar.

Easterling, et al. (2007) previu que poderia haver um maior risco de aumento do número de pessoas expostas a doenças transmitidas por vectores (por exemplo, malária e dengue) e doenças transmitidas pela água (cólera), o que reduz a capacidade das pessoas de utilizar os alimentos de forma eficaz.

Easterling, et al. (2007) e Tubiello, et al. (2008) opinaram que as alterações climáticas deveriam aumentar o número de pessoas em risco de fome em comparação com cenários de referência sem alterações climáticas.

Tubiello, et al. (2008) enumera três mensagens básicas que emergem de estudos sobre os impactos prováveis das alterações climáticas nos preços dos alimentos, que são as seguintes

1) De um modo geral, prevê-se que os preços dos géneros alimentícios aumentem moderadamente até 2050, em consonância com os aumentos moderados da temperatura. Também se prevê uma ligeira descida dos preços reais até 2050, mas depois de 2050, com novos aumentos de temperatura, os preços deverão aumentar mais substancialmente.

2) Relativamente a alguns produtos de base, como o arroz e o açúcar, prevê-se que os preços aumentem até 80% acima dos seus níveis de referência sem alterações climáticas.

3) As alterações de preço esperadas devido a um aumento da temperatura são muito menores do que as alterações de preço esperadas das trajectórias de desenvolvimento socioeconómico. No cenário SRES A2, o aumento dos preços reais dos cereais é de cerca de 170%.

A FAO (2008a) estudou as medidas de atenuação, como a redução das emissões resultantes da desflorestação, que podem ter um impacto negativo nos meios de subsistência das populações rurais e prejudicar a segurança alimentar e o desenvolvimento sustentável.

Tirado et al. (2010) analisaram os potenciais impactos na contaminação dos alimentos em várias fases da cadeia alimentar e descreveram as estratégias de adaptação e as prioridades de investigação para fazer face às implicações das alterações climáticas na segurança alimentar.

O Meridian Institute (2011) referiu que a produção pecuária também seria afetada direta e indiretamente, diretamente como o stress fisiológico devido ao aumento da temperatura e indiretamente através de alterações na qualidade e disponibilidade das forragens.

O IPCC (2013) informou que o aumento contínuo das temperaturas também apoiou a propagação do organismo responsável pela produção da toxina que causa a intoxicação por peixe ciguatera (CFP), que ocorre em regiões tropicais e é a doença não bacteriana mais comum de origem alimentar associada ao consumo de peixe.

Porter et al. (2014) afirmaram que temperaturas globais de 4 graus ou mais, combinadas com o aumento da procura de alimentos, representariam grandes riscos para a segurança alimentar a nível mundial e regional (geralmente maiores nas zonas de baixa latitude).

Nelson et al. (2014) evidenciaram que as alterações climáticas também podem ter impactos remotos na segurança alimentar de pessoas distantes do choque inicial, nomeadamente através do aumento e da volatilidade dos preços dos alimentos. Sem ter em conta os efeitos do CO_2, as alterações da temperatura e da precipitação contribuirão para aumentar os preços globais dos alimentos até 2050.

Joern, Logan, & Wolesensky(2005) opinaram que as alterações climáticas provocam um aumento das infestações de pragas que afectam negativamente a produção vegetal e animal através de danos críticos nos tecidos vegetais e da transferência de doenças que afectam a quantidade e a qualidade da produção alimentar.

Soora (2016) referiu que se prevê uma redução do rendimento em regiões com regimes actuais de temperatura média sazonal superior a 25/10°C durante o crescimento das culturas. A adaptação às alterações climáticas através da combinação de uma maior eficiência dos factores de produção, de fertilizantes adicionais e do ajuste da época de sementeira das variedades actuais pode aumentar o rendimento em cerca de 17%. Com variedades melhoradas, o rendimento pode ser aumentado em cerca de 25% no cenário climático de 2020. No entanto, os benefícios projectados podem diminuir depois disso. O desenvolvimento de variedades de curta duração e a melhoria do maneio das culturas tornam-se essenciais para manter o rendimento da mostarda em climas futuros.

2.6 Estratégias de adaptação à vulnerabilidade às alterações climáticas

Loe et al., (2001) opinaram que era importante notar que a água de irrigação também está sujeita aos impactos das alterações climáticas. A utilização de tecnologias de irrigação tem de ser acompanhada por outras práticas de gestão das culturas, tais como a utilização de culturas que possam utilizar a água de forma mais eficiente. As práticas de gestão importantes que podem ser utilizadas incluem a gestão eficiente dos sistemas de irrigação, o cultivo de culturas que requerem menos água e a otimização da programação da irrigação e outras técnicas de gestão que ajudam a reduzir o desperdício.

Baethgen et al (2003) afirmou que a disponibilidade de melhor informação sobre o clima e a agricultura ajudou os agricultores a tomar decisões comparativas entre práticas alternativas de gestão de culturas, o que lhes permite escolher melhor as estratégias que lhes permitem lidar bem com as mudanças nas condições climáticas.

Bradshaw et al. (2004) referiram que as opções de adaptação importantes no sector agrícola incluíam a diversificação das culturas, culturas mistas, sistemas de criação de gado, utilização de diferentes variedades de culturas, alteração das datas de plantação e de colheita, utilização de variedades resistentes à seca e de culturas sensíveis à água de elevado rendimento.

Orindi e Eriksen (2005) referiram que a adaptação agrícola envolveu dois tipos de modificações nos sistemas de produção. O primeiro é o aumento da diversificação que envolve o envolvimento em actividades de produção que são tolerantes à seca e ou resistentes ao stress da temperatura, bem como actividades que fazem uso eficiente e tiram o máximo proveito das condições de água e temperatura prevalecentes. Entre outros factores, a diversificação das culturas pode servir de seguro contra a variabilidade da precipitação, uma vez que as diferentes culturas são afectadas de forma diferente pelos fenómenos climáticos. A segunda estratégia centra-se nas práticas de gestão das culturas destinadas a garantir que as fases críticas de crescimento das culturas não coincidam com condições climáticas muito adversas, como as secas de meia estação. A utilização da irrigação tem o potencial de melhorar a produtividade agrícola, complementando a água da chuva durante os períodos de seca e prolongando o período de crescimento.

Kurukulasuriya e Mendelsohn (2006) utilizaram modelos logit multi-nominal para analisar as escolhas de culturas e de gado como opções de adaptação. O estudo sobre a escolha de culturas mostrou que a escolha de culturas é sensível ao clima e que os agricultores se adaptam às alterações climáticas mudando de culturas. Os modelos de escolha de gado mostraram que os agricultores em temperaturas mais quentes tendem a escolher cabras e ovelhas em vez de carne de vaca, gado bovino e frango. As cabras e as ovelhas podem ter um melhor desempenho em condições secas e mais duras do que a carne de bovino.

Jawahar e Msangi (2006) referiram que as medidas de adaptação podem ser medidas do lado da oferta (como o fornecimento de mais água), medidas do lado da procura (como a reutilização da água) e combinações de ambas (como a mudança de variedades de culturas). Enquanto algumas medidas podem ser tomadas a nível individual ou das explorações agrícolas, outras requerem uma ação colectiva (recolha de água da chuva) ou investimentos a nível das agências ou do governo (por exemplo, construção de barragens, lançamento de novas cultivares mais eficientes em termos de água).

Fussel (2007) defendeu que a tónica deve ser colocada na adaptação, porque as actividades humanas já afectaram o clima, as alterações climáticas continuam a verificarse tendo em conta as tendências do passado, o efeito das reduções das emissões demorará várias décadas a dar resultados e a adaptação pode ser realizada a nível local ou nacional, uma vez que depende menos das acções de terceiros.

Nhemachena e Hassan (2007) realizaram um estudo sobre várias estratégias de adaptação utilizadas pelos agricultores em resposta às condições climáticas em mudança na África Austral. Os resultados indicaram que menos de 40% dos inquiridos não adoptaram quaisquer estratégias de adaptação. O resultado também mostrou que os agricultores que praticam culturas mistas e criam gado estavam associados a uma adaptação positiva e significativa às alterações das condições climáticas e que as famílias chefiadas por mulheres tinham maior probabilidade de adotar opções de adaptação. Verificou-se também que as famílias com acesso a eletricidade, tractores, máquinas pesadas e força animal têm mais hipóteses de adotar opções de adaptação.

Deressa et al. (2008) estudaram as estratégias de adaptação dos agricultores etíopes para fazer face às alterações climáticas. Verificou-se que a maioria dos agricultores não fez nada para responder a estes choques, principalmente devido à pobreza. Os agricultores que tentaram lidar com os impactos negativos dos choques responderam principalmente vendendo o seu gado, pedindo emprestado aos seus familiares, participando em programas de comida-por-trabalho e/ou obtendo ajuda alimentar.

Gahendar e Dinanath (2008), no seu estudo sobre uma abordagem integrada da adaptação às alterações climáticas durante as últimas décadas, referiram que as populações do distrito de Chitwan, no centro do Nepal, tinham registado verões mais quentes e invernos mais curtos. 98% de todos os aldeões reconheceram alterações no clima e 95% mencionaram a seca e os padrões erráticos de precipitação, que são os principais indicadores das alterações climáticas. Os habitantes das aldeias registaram um número crescente de inundações.

Shiraz (2008) referiu que, nas regiões orientais de Uttar Pradesh, os agricultores adoptaram muitas medidas de adaptação às alterações climáticas, tais como a intensificação das culturas, a diversificação das culturas, o acréscimo de valor, a gestão do ciclo das culturas, ou seja, o cultivo antes das inundações, o cultivo com inundações e o cultivo após as inundações.

Tambe et al. (2011) referiram que a comunidade local de Sikkim tinha começado a lidar com os impactos das alterações climáticas utilizando métodos indígenas. O rizoma do gengibre está agora a ser protegido do inverno seco através do seu armazenamento subterrâneo. As sementes de leguminosas, feijão e soja são preservadas misturando-as com querosene, cinzas, cânfora, etc.

Deressa et al. (2011) argumentou e relatou que cerca de 42% dos agricultores da Bacia do Nilo, na Etiópia, não adoptaram quaisquer medidas de adaptação para contrariar o impacto das alterações climáticas e os restantes 58% dos agricultores adoptaram uma ou uma combinação de diferentes medidas de adaptação, como a plantação de árvores, a conservação do solo, diferentes variedades de culturas, plantação precoce e tardia, irrigação, etc. Também foi referido que a educação do chefe do agregado familiar, a dimensão do agregado familiar, o facto de o chefe do agregado familiar ser homem, a posse de gado, os serviços de extensão, a disponibilidade de crédito e o aumento da temperatura tinham uma relação positiva e significativa, ao passo que a maior dimensão da exploração agrícola e a elevada precipitação anual estavam negativamente relacionadas com a adoção de estratégias de adaptação.

Mandleni e Anim (2011) referiram que os criadores de gado da Província do Cabo Oriental da África do Sul adoptaram 7 estratégias de adaptação para fazer face às alterações climáticas. Estas estratégias foram: alimentos suplementares (9,90%), mergulhar e dosear (38,70), vender stocks para comprar medicamentos (2%), trocar stocks (1%), cercar campos (6,90%), água portátil (3%). As variáveis que afectaram significativamente as áreas de seleção da adaptação foram o género, a extensão formal, a informação recebida sobre as alterações climáticas, a temperatura e a forma como a terra foi adquirida.

Angles et al. (2011) realizaram um estudo no distrito de Dharmapuri, em Tamil Nadu, para explorar os mecanismos de sobrevivência adoptados pelos agricultores de sequeiro. As culturas mistas e intercalares foram o principal mecanismo de sobrevivência adotado por 75,56%, seguido da agricultura integrada e mista, adoptada por 71,11%, e de uma mudança no padrão de cultivo, com 42,22%. Também foi referido que a educação, o rendimento, a experiência, a pertença a associações de agricultores, a dimensão da exploração e o carácter de assunção de riscos eram os factores significativos que influenciavam a adoção de mecanismos de sobrevivência.

Nicholas e Cynthia (2011) determinaram que as medidas adaptativas mais significativas adoptadas pelos agricultores para fazer face aos efeitos das alterações climáticas foram a utilização de variedades/espécies de culturas e animais resistentes (95,43%), a utilização de adubo orgânico (94,16%), a agricultura mista (93,09%) e a diversificação das culturas (91,81%).

Pandey et al. (2012) referiram que a maioria (80,00%) dos inquiridos era a favor de uma mudança na época de sementeira de diferentes culturas e que 20,00% dos inquiridos tinham alterado a sequência de culturas para fazer face às alterações climáticas e adaptar a utilização das terras agroflorestais através da plantação de árvores nos limites dos campos (76,00%) e da plantação de árvores em bloco (24,00%) em U.P.

Coretha e Muchapondwa (2012) identificaram as medidas de adaptação implementadas pelos agricultores na Tanzânia: irrigação (5,60%), culturas de curta duração (24,10%), resistência das culturas à seca (17,30%), plantação de árvores (7,40%) e alteração das datas de plantação (11,30%).

Ikheloa et al. (2013) mostraram que 55,96% dos inquiridos adaptaram a diversificação de culturas, técnicas de conservação do solo e diferentes datas de plantação e colheita, seguidos de 31,92% que utilizaram a diversificação de culturas e técnicas de conservação do solo e 12,13% que utilizaram apenas a diversificação de culturas.

O ICEM (2013) referiu que a capacidade de adaptação do gado dependia do sistema de produção, incluindo a escolha de espécies e raças, a disponibilidade/adaptabilidade de recursos alimentares alternativos, a acessibilidade dos animais (serviços de saúde/extensão), o tipo/eficiência da resposta a surtos (vigilância, regimes de indemnização, etc.) e o estado de riqueza do agregado familiar.

Mahato (2014) sugeriu as medidas preventivas para a seca, que incluíam reservatórios nas explorações agrícolas em terras médias, cultivo de leguminosas e oleaginosas em vez de arroz nas terras altas, sistema de sulcos e sulcos nas culturas de algodão, cultivo de culturas intercalares em vez de culturas puras nas terras altas, nivelamento e nivelamento de terras, estabilização de feixes de campo por pedra e gramíneas, feixes de linha graduada, valas de contorno para recolha de escoamento, sulcos de conservação, cobertura morta e mais aplicação de estrume de curral (FYM).

Shivamurthy et al. (2015) identificaram que as estratégias de adaptação iniciadas pelos agricultores na zona seca oriental de Karnataka foram a utilização de variedades de culturas de curta duração, lacticínios, irrigação gota a gota, cultivo de culturas hortícolas e medidas de conservação do solo e da água, tais como lagoas agrícolas, cumes e sulcos mortos e cobertura morta.

Muller e Elliott (2015) descobriram que as mudanças adaptativas na gestão das culturas tinham o potencial de aumentar os rendimentos em cerca de 7-15 por cento, em média, o que depende fortemente da região e da cultura em causa.

Kumar (2016) salientou duas estratégias possíveis de mitigação e adaptação para fazer face às alterações climáticas. A primeira estratégia consiste em reduzir os efeitos das alterações climáticas através da redução das emissões de gases com efeito de estufa. A segunda estratégia consiste em enfrentar os impactos e as consequências do aquecimento global, das secas, das inundações, da escassez de água potável, etc., nas novas condições ambientais. Ambas as estratégias são complementares às tentativas de atenuação para reduzir os impactos das alterações climáticas.

2.7 Constrangimentos nas estratégias de adaptação devido às alterações climáticas

Maddison, (2006) revelou que um grande número de agricultores africanos considerava que a falta de crédito ou de poupanças representava um obstáculo à adaptação. A falta de acesso à água foi considerada como um problema importante para a adaptação. A falta de sementes apropriadas, a falta de acesso ao mercado, a falta de informação sobre o tempo e as alterações climáticas também foram referidos como obstáculos à adaptação.

Smith et al., (2007b) afirmaram que os condicionalismos, como as opções de atenuação rentáveis e adequadas a nível mundial, são muito importantes. Observou-se que os agricultores não adoptarão a estratégia de atenuação a menos que sintam que as opções os beneficiam e que as opções de atenuação podem não aumentar a produtividade alimentar em todas as regiões.

Brondizo e Moran (2008) referiram que a falta de serviços de extensão e de informação climática relevante para o uso da terra a nível local eram os principais obstáculos à adoção de estratégias de adaptação para fazer face às alterações climáticas.

Gbetibbou, (2008) referiu que os agricultores da bacia do Limpoo, na África do Sul, citaram várias barreiras à adaptação, incluindo a pobreza, a falta de acesso ao crédito e a falta de poupanças. Poucos agricultores também referiram a falta de informação e de conhecimentos sobre estratégias de adaptação adequadas como obstáculos à adaptação.

Deressa et al. (2009) referiram que os agricultores que se aperceberam das alterações climáticas, mas não se adaptaram, apresentaram muitas razões como barreiras à adaptação, incluindo a falta de informação sobre métodos de adaptação, a falta de dinheiro, a falta de terra e o fraco potencial de irrigação.

Muitos dos impactos projectados pelos estudos sobre as alterações climáticas na agricultura são a extensão e a intensificação dos desafios colocados pela variabilidade climática que já estão a causar pressão, especialmente no sistema de cultivo e pecuária de sequeiro (Vermeulen, et al., 2010).

Sofoluwe et al. (2011) analisaram os constrangimentos da adaptação às alterações climáticas no estado de Osun, na Nigéria, e encontraram cinco grandes constrangimentos: falta de informação, falta de capital, falta de mão de obra, falta de terra e fraco potencial de irrigação.

Mandleni e Anim (2011) relataram que as razões por trás da não adoção de estratégias de adaptação foram a falta de informação, a falta de dinheiro, a falta de insumos, a falta de propriedade, etc. entre os criadores de gado na província do Cabo Oriental da África do Sul.

De Moor (2011) observou que, no passado, as populações locais migravam principalmente devido à pobreza e para tirar partido de novas oportunidades económicas. No entanto, a migração também pode ser uma estratégia de adaptação a um clima em mudança.

Dang et al. (2014) constataram que os agricultores estão cada vez mais conscientes das questões relacionadas com a variabilidade climática local. No entanto, têm uma compreensão limitada da importância da adaptação para os seus meios de subsistência. Também têm conhecimentos limitados sobre onde e quem contactar para obter informações adequadas sobre a adaptação às alterações climáticas. Não foram observadas opiniões sobre a ligação entre o aquecimento global e a variabilidade e as alterações climáticas locais. A observação casual através dos meios de comunicação públicos e a experiência pessoal dominaram as fontes de informação dos agricultores. Os obstáculos à adaptação dos agricultores não se limitam exclusivamente a factores socioeconómicos e a restrições de recursos, como a posse da terra, os conhecimentos técnicos, o mercado, as relações sociais, o crédito, a informação, os cuidados de saúde e a demografia. A má adaptação, o hábito e a perceção da importância da variabilidade climática e da adaptação são considerados constrangimentos adicionais. As diferenças observadas nas perspectivas dos agricultores e dos funcionários agrícolas relativamente aos obstáculos à adaptação dos agricultores sugerem importantes implicações políticas.

2.8 Relação entre os factores sócio-pessoais, sócio-económicos, de extensão-comunicação e sócio-psicológicos dos agricultores com as medidas de adaptação às alterações climáticas

Não foram relatados estudos relativos à relação entre as características socioeconómicas, situacionais, de comunicação e sócio-psicológicas dos agricultores sobre as alterações climáticas, pelo que se procurou fazer aqui uma revisão da literatura anterior relacionada com a área de investigação.

2.8.1 Idade

Senthilkumar (2009) revelou que a maioria dos produtores de arroz (57,00 %) pertencia à categoria de meia-idade, seguida de 31,00 % na categoria de idade avançada e 12,00 % na categoria de idade jovem.

Benal et al. (2010) revelaram que 59,16% dos agricultores pertenciam à faixa etária média na adaptação da tecnologia recomendada para as terras secas.

Ayanwuyi et al. (2010) referiram que a maioria (57,2%) dos agricultores era do grupo etário mais velho, seguido de 21,7% e 21,1% do grupo etário médio e jovem, respetivamente.

Verma (2012) observou que a maioria (55,33%) dos agricultores pertencia à faixa etária média, entre 36 e 50 anos, seguida da categoria dos idosos (>50 anos) e dos jovens (até 35 anos), que representam 42,00 por cento e 2,67 por cento, respetivamente.

Nirmala et al. (2013) afirmaram que a maioria (68,33%) dos agricultores estava na faixa etária média, seguida por 20,00 e 11,67% pertencentes às faixas etárias jovem e idosa, respetivamente.

Rathod et al. (2014) revelam que a maioria (71,00 por cento) dos inquiridos pertence ao grupo de meia-idade, seguido de 16,00 por cento pertencentes ao grupo de idade jovem e 13,00 por cento na categoria de idade avançada.

Dhanya e Ramachandran (2015) constataram que quase metade (53,5 por cento) dos agricultores pertenciam ao grupo etário mais velho, seguido de 26,7 e 19,8 por cento pertencentes ao grupo etário médio e ao grupo etário jovem, respetivamente.

2.8.2 Experiência agrícola

Suresh (2001) afirmou que 56,67% dos inquiridos possuíam um elevado nível de experiência agrícola, seguido de níveis médios (37,50%) e baixos (5,83%), respetivamente.

Palmurugan (2002) constatou que 63,50% dos inquiridos tinham um nível médio de experiência agrícola.

Banumathi (2003) afirmou que 55,83% dos produtores de arroz de sequeiro possuíam um elevado nível de experiência agrícola, seguido de níveis médios (29,17%) e baixos (15,00%), respetivamente.

Maddison (2006) indicou que a experiência na agricultura aumenta a probabilidade de adoção de medidas de adaptação às alterações climáticas.

David (2007) indicou que a utilização do modelo probit de seletividade da amostra de Heckman revela que, embora os agricultores experientes tenham mais probabilidades de se aperceberem das alterações climáticas, são os agricultores instruídos que têm mais probabilidades de responder fazendo pelo menos uma adaptação. Em termos de implicações políticas, parece que a melhoria da educação dos agricultores teria dez adaptações. A prestação de aconselhamento gratuito no domínio da extensão pode também desempenhar um papel na promoção da adaptação. Na medida em que a distância ao mercado é um fator determinante para a adaptação de um agricultor às alterações climáticas, é possível que a melhoria das ligações de transporte melhore a adaptação. Os agricultores que beneficiaram de aconselhamento gratuito em matéria de extensão e que estão situados perto do mercado são também mais susceptíveis de se adaptarem às alterações climáticas.

A idade do chefe do agregado familiar representa a experiência na agricultura e os estudos indicaram que os agricultores experientes são mais susceptíveis de perceber as alterações climáticas (Maddison, 2006; Ishaya & Abaje, 2008; Dhaka et al., 2010).

Choudhary (2010) revelou que exatamente metade (50,00 por cento) dos produtores de arroz tinha um baixo nível de experiência agrícola, seguido de 41,67 por cento e 08,33 por cento deles e um alto nível de experiência, respetivamente.

Patel et al. (2011) indicaram que a maioria (63,80 por cento) dos produtores de rosas tinha um nível médio de experiência agrícola no cultivo de rosas, enquanto 19,70 e 16,50 por cento deles tinham um nível baixo e alto de experiência agrícola, respetivamente.

Dhodia et al. (2014) concluíram que quase dois terços (69,00 por cento) dos inquiridos tinham uma experiência agrícola média, enquanto 18,00 por cento e 13,000 por cento tinham uma experiência agrícola baixa e alta, respetivamente.

2.8.3 Nível de ensino

Anónimo (2006) observou que o nível de educação (medido em anos) também aumenta consideravelmente a probabilidade de adaptação.

Vijayalan (2001) referiu que a maioria (96,66%) dos produtores de arroz tinha a agricultura como fonte primária de ocupação e 3,34% tinham a agricultura como fonte secundária de ocupação. Banumathi (2003) verificou que mais de dois quartos (66,67%) dos produtores de arroz de sequeiro tinham habilitações académicas de nível primário a secundário.

Shanmugasundaram (2007) revelou que a maioria dos inquiridos pertencia a três categorias, nomeadamente o nível secundário, o nível médio e o nível primário (27,50%, 23,33% e 18,33%, respetivamente). Um dos inquiridos era analfabeto e 10 inquiridos tinham habilitações literárias até ao nível universitário.

Salunke (2009) constatou que a maioria (53,00 por cento) dos beneficiários possuía um nível de ensino secundário, seguido de 22,50 por cento que pertenciam ao ensino superior e 24,50 por cento que pertenciam ao ensino primário.

Hingonekar (2011) referiu que menos de metade (48,50%) dos membros das FIGs tinham um nível de ensino primário, seguido de 45,00% que pertenciam ao nível de ensino secundário e apenas 6,50% tinham um nível de ensino superior.

Verma (2012), no seu estudo, referiu que 29,33% dos inquiridos tinham um nível de escolaridade médio, 25,33% tinham um nível de escolaridade secundário superior, 20,67% tinham um nível de escolaridade secundário, 10,67% dos inquiridos tinham um nível de escolaridade superior, 6,67% tinham um nível de escolaridade funcional, 5,33% tinham um nível de escolaridade primário e 2,00% dos inquiridos eram analfabetos.

Kanat et al. (2012) concluíram no seu estudo que dois terços (70,00 por cento) dos inquiridos tinham um nível de ensino médio e primário, seguidos de 17,00 por cento com um nível de ensino secundário e apenas 13,00 por cento tinham um nível de ensino superior.

Rathod et al. (2014) concluem que a maioria (37,33%) dos inquiridos possuía um nível de escolaridade superior, seguido de 29,33, 20,67 e 12,67% na categoria de nível universitário, analfabeto e nível de escolaridade primário, respetivamente.

2.8.4 Estatuto educacional da família

Maiti (2013) realizou um estudo sobre a vulnerabilidade e as estratégias de adaptação às alterações climáticas entre os criadores de gado nas regiões costeiras e alpinas da Índia e revelou que o ano médio de escolaridade dos criadores de gado da região costeira e da região alpina era de 6,404 e 1,744, respetivamente. O resultado mostra o baixo nível de literacia dos criadores de gado nas regiões costeiras e alpinas. A taxa de alfabetização rural da população de Arunachal Pradesh é muito inferior à de Bengala Ocidental e Odisha.

Deepa et al. (2013) indicaram que a taxa de alfabetização tinha a hipótese de ter uma relação funcional negativa com a vulnerabilidade demográfica.

2.8.5 Dimensão da família

Yirga (2007) referiu que os agregados familiares com famílias numerosas podem ser forçados a desviar o caminho da força de trabalho para actividades não agrícolas, numa tentativa de obter rendimentos e reduzir a pressão imposta por uma família numerosa durante condições meteorológicas anormais.

Sikwela e Mpuzu (2008) indicaram que existe uma relação significativa entre a segurança alimentar do agregado familiar e o tamanho do agregado familiar.

Rathod (2009) referiu que a maioria (63,33%) dos produtores de pimentão tinha uma família de maior dimensão, seguida de 36,67% dos inquiridos que tinham uma família de pequena dimensão.

Sathyanarayan et al. (2010) referiram que mais de metade (53,85%) dos criadores de gado pertenciam à categoria de tamanho médio da família, seguida das categorias de tamanho pequeno (40,00%) e grande da família (6,15%).

Preethi et al. (2013) constataram que menos de metade (46,67%) dos agricultores da AAS pertenciam a famílias de pequena dimensão, seguidos de menos de metade (41,13%) dos agricultores da AAS que pertenciam a famílias de dimensão média e, por último, 12,20% dos agricultores que pertenciam a famílias de dimensão elevada.

2.8.6 Rendimento anual

Senthilvadivoo (2003) inferiu que 35,00 por cento dos inquiridos pertenciam ao grupo de rendimento elevado, seguido do grupo baixo e médio com 33,33 por cento e 31,67 por cento, respetivamente. Jayasree (2004) revelou que a maioria dos inquiridos (46,67%) tinha um baixo nível de rendimento, seguido de níveis médios (28,33%) e elevados (25,00%) de rendimento anual através do cultivo de arroz.

Sudhakar (2002) observou que, em condições de regadio, a maioria (45,00%) dos inquiridos tinha um nível elevado de rendimento anual, seguido de níveis médios (30,00%) e baixos (25,00%) de rendimento anual.

Nagabhushana (2007) relatou que a maioria (56,67%) dos produtores de batata se enquadrava na categoria de rendimento médio, seguida pelos níveis de rendimento baixo (23,33%) e alto (20,00%), respetivamente.

Semenza et al., 2008, concluíram que um rendimento mais elevado afecta positivamente a perceção pública das alterações climáticas. Também se coloca a hipótese de que rendimentos agrícolas e não agrícolas mais elevados influenciam positivamente a perceção dos agricultores em relação às alterações climáticas.

Sasikala (2011) observou que, no caso dos blocos de precipitação abaixo do normal, 69% dos agricultores tinham um rendimento anual inferior a 50.000 euros, seguidos de 18% que tinham entre ? 50,000 - ? 1.0 lakh e 13,00 por cento tinham acima de ?1.0 lakh. No bloco de precipitação acima do normal, 64,00 por cento dos agricultores tinham um rendimento anual até ? 50.000, enquanto 16,00 por cento tinham um rendimento anual entre ? 50.000 e ? 1.0 lakh e 20.00 por cento tinham um rendimento anual superior a ?1.0 lakh.

Patel et al. (2011) observaram que a maioria (80,00 por cento) dos agricultores tinha um nível médio de rendimento anual, seguido de 10,00 por cento dos agricultores com um nível elevado de rendimento anual e, por último, 10,00 por cento com um nível baixo de rendimento anual.

Singh e Pandey (2013) constataram que a maioria (53,33%) dos produtores de arroz tinha uma categoria de rendimento anual médio, seguida de 33,33% na categoria de rendimento anual baixo e 13,34% na categoria de rendimento anual elevado.

Rathod et al. (2014) verificaram que a maioria (69,34%) dos inquiridos se encontrava na categoria de rendimento médio, seguida de 20,33% na categoria de rendimento baixo e 10,33% na categoria de rendimento anual mais elevado.

2.8.7 Despesas anuais (em rupias)

Lawrence (2003) indicou que as despesas alimentares, o rendimento mensal, o tamanho da família e o tipo de família são os factores importantes que influenciam a segurança alimentar.

Binkadakatti (2008) revelou que um pouco mais de metade dos agricultores com e sem formação pertenciam a uma família nuclear. Por conseguinte, devido ao facto de pertencerem a uma família nuclear, as suas despesas familiares eram mais elevadas, o que conduzia a uma poupança inferior à de uma família conjunta.

2.8.8 Propriedade fundiária

Bhosale (2010) revelou que um pouco menos de dois quintos (38,33%) dos jovens rurais que praticavam a cultura do arroz eram pequenos agricultores, seguidos de 29,18%, 23,33% e 9,16% de produtores de arroz com uma dimensão média, grande e marginal de terras, respetivamente.

Dev (2012) observou que 63% das explorações fundiárias pertencem a agricultores marginais com menos de 1 ha. A dimensão média das explorações marginais é de apenas 0,24 em todos os níveis da Índia. A dimensão média das pequenas explorações é de 1,42 ha por dimensão da exploração. A dimensão média das explorações marginais varia entre 0,14 ha em Kerala e 0,63 ha no Punjab.

Chand et al. (2011) referiram que a superfície explorada por pequenos agricultores e agricultores marginais aumentou de cerca de 19% para 44% durante o mesmo período. Em 2005-06, a percentagem de pequenos agricultores e agricultores marginais nas explorações agrícolas era de 83%.

Hingonekar (2011) referiu que mais de dois quintos (42,00 por cento) dos membros das FIGs possuíam uma dimensão média de propriedade fundiária, enquanto 21,00 por cento tinham uma pequena dimensão de propriedade fundiária e, por último, 37,00 por cento tinham uma grande dimensão de propriedade fundiária.

Sasane et al. (2012) descobriram que mais de metade (51,25 por cento) dos produtores de arroz eram da categoria de posse de terra média e 8,75 por cento dos inquiridos da categoria de posse de terra pequena e, por último, 40,00 por cento dos inquiridos da grande dimensão da posse de terra.

Pandya et al. (2013) revelaram que mais de metade (57,00 por cento) dos inquiridos se encontrava na categoria marginal, seguida de 28,00 por cento. 14,00 por cento e 1,00 por cento na categoria de pequena, média e grande dimensão da propriedade fundiária, respetivamente.

Rathod et al. (2014) concluíram que a maioria (76,67%) dos inquiridos possuía uma posse de terra média, seguida de 12,67% e 10,66% de posse de terra pequena e grande.

2.8.9 Posse de utensílios agrícolas

Nhemachena e Hassan (2007) opinaram que as famílias com acesso a eletricidade, tractores, máquinas pesadas e força animal têm mais hipóteses de adotar opções de adaptação às alterações climáticas. Com acesso à tecnologia, os agricultores podem variar as suas datas de plantação, mudar para novas culturas, diversificar as suas opções de culturas e utilizar mais irrigação, aplicar técnicas de conservação da água e diversificar para actividades não agrícolas. No entanto, um grande volume de capital na agricultura tornaria muito mais dispendiosa a passagem para actividades não agrícolas. Os agricultores com melhores tecnologias têm geralmente acesso aos mercados e produzem para venda, o que se baseia geralmente em fortes fluxos de comunicação e informação. Garantir a disponibilidade de tecnologias baratas para os pequenos agricultores pode aumentar significativamente a sua utilização de outras opções de adaptação.

2.8.10 Energia agrícola

Kavitha (2001) constatou que uma percentagem igual de produtores de arroz era constituída por pequenos (40,00 %) e grandes agricultores (40,00 %). Apenas 20,00 por cento eram agricultores marginais.

Senthilkumar (2001) revelou que 45,00 % dos produtores de arroz eram grandes agricultores, seguidos dos marginais (28,33 %) e dos pequenos agricultores (26,67 %).

Arunkumar (2002) referiu que a maioria (73,33%) dos produtores de mandioca eram marginais e pequenos produtores. Os restantes 26,67% dos inquiridos eram grandes produtores.

Madhan (2002) indicou que 43,33% dos produtores de arroz tinham pequenas propriedades, seguidas de propriedades médias (26,67%). Apenas 15,00 por cento tinham propriedades marginais e grandes.

Shanmugasundaram (2007) revelou que 79,17% dos inquiridos se enquadravam na categoria média de posse de materiais, seguidos por um número quase igual de agricultores nas categorias alta (10,83%) e baixa (10,00%), respetivamente.

Suresh (2011) observou que, em terras de jardim, 66,60% dos inquiridos operavam um nível médio de explorações agrícolas, seguido de níveis elevados (17,80%) e baixos (15,60%). No caso da terra seca, a maioria (68,90%) dos inquiridos pertence a uma categoria de nível médio, seguida das categorias de nível alto (17,80%) e baixo (13,30%).

2.8.11 Posse de materiais

Aker (2007) afirmou que as opções de rádio e televisão para fornecer informações sobre o mercado e a mudança para estas tecnologias, especialmente os telemóveis, foram impulsionadas pelo rápido crescimento da utilização de telefones na África rural.

2.8.12 Participação social

Suresh (2001) inferiu que a maioria dos inquiridos (65,83%) possuía um baixo nível de participação social, seguido de níveis médios (32,50) e elevados (1,67) de participação social, respetivamente.

Vijayalan (2001) verificou que a maioria (64,0%) dos produtores de arroz tinha um baixo nível de participação social, seguido de níveis médios (22,50%) e elevados (13,34%), respetivamente.

Madhan (2002) referiu que 61,67% dos produtores de arroz tinham um nível médio de participação social, seguido de um nível baixo (20,00%).

Darandale (2010) observou que dois quintos (40,00 por cento) dos inquiridos eram membros de uma organização, enquanto 27,50, 20,00 e 12,50 por cento não eram membros de nenhuma organização, eram membros de mais do que uma organização e ocupavam um cargo na organização, respetivamente.

Palanisamy (2011) referiu que a maioria dos beneficiários da agricultura de precisão (53,00 %) tinha um elevado nível de participação social, seguido de níveis baixos (37,00 %) e médios (10,00 %).

Suresh (2011) opinou que a maioria (48,90 %) dos agricultores de sequeiro tem um nível de participação social baixo, seguido de médio (35,60 %) e alto (15,50 %), respetivamente.

Bhuvaneswari (2012) revelou que 63,00 por cento dos inquiridos tinham um nível baixo de participação social, seguido de um nível médio (24,00 %) e alto (13,00 %), respetivamente.

Ephraim e Gloria (2013) examinaram a utilidade das tecnologias de informação e comunicação na melhoria dos serviços de extensão agrícola na Nigéria. Analisaram igualmente os fundamentos da utilização das TIC nos serviços de extensão agrícola.

Singh e Pandey (2013) constataram que quase dois quintos dos produtores de arroz (38,33%) tinham uma participação social baixa, seguidos de 33,33% na categoria de participação social média e apenas 28,34% na categoria de participação social elevada.

2.8.13 Acesso a fontes de informação sobre as alterações climáticas

Rama Rao et al. (2008) referiram que o IIT em Kerala introduziu um serviço de SMS via telemóvel para complementar as actividades do seu portal Kisan. Os agricultores subscreveram as informações actualizadas disponíveis através de serviços SMS, incluindo informações meteorológicas.

Deressa et al. (2011) também concluíram que a informação sobre as alterações climáticas, a extensão da exploração agrícola para a exploração agrícola, o número de familiares na comunidade e os contextos agro-ecológicos afectam positivamente a sensibilização para as alterações climáticas e a distância ao mercado de produtos e a dimensão da exploração agrícola têm relações negativas.

O acesso à informação sobre as alterações climáticas através de agentes de extensão ou de outras fontes cria consciência e condições favoráveis para a adoção de práticas agrícolas adequadas às alterações climáticas (Maddison 2006, Dhaka et al, 2010).

2.8.14 Formação sobre a exposição para evitar a vulnerabilidade às alterações climáticas

Schuck et al. (2002) concluem que as questões relacionadas com a posse da terra podem limitar a eficácia da educação para a extensão nos Camarões. Examinam em que medida a educação para a extensão pode promover a adaptação de outros sistemas de cultivo para além da agricultura de corte e queima, e se as questões relacionadas com a posse da terra reduzem ou não a eficácia da educação para a extensão. Os resultados indicam que visitas mais frequentes do pessoal da extensão reduzem a probabilidade de os agricultores optarem pela agricultura de corte e queima, mas os agricultores com níveis mais baixos de propriedade da terra têm menos probabilidades de adotar alternativas do que aqueles com níveis mais elevados de propriedade da terra em condições climáticas variáveis.

2.8.15 Capacidade de assumir riscos

Mary (2001) constatou que a maioria dos agricultores do sistema de agricultura integrada de terras secas se enquadrava na categoria de orientação de médio a baixo risco.

Vijayalan (2001) inferiu que a maioria (40,00 %) dos inquiridos do arroz tinha uma orientação de risco de nível médio, seguida de níveis baixo (30,83 %) e alto (29,17%).

Arunkumar (2002) referiu que a maioria dos inquiridos se enquadrava na categoria alta de orientação para o risco, seguida da categoria média.

Senthilvadivoo (2003) revelou que 43,33% dos inquiridos tinham um nível médio de natureza de risco, seguido de níveis baixo (31,67%) e alto (25,00%).

Jayasree (2004) interpretou que a maioria (57,50%) dos inquiridos tinha um nível médio de orientação para o risco, seguido de níveis elevados (25,83%) e baixos (16,67%).

Shashidhara et al. (2007) indicaram que a maioria (71,25%) dos produtores de produtos hortícolas tinha um nível médio de orientação para o risco, enquanto 15,75% e 13% tinham um nível elevado e baixo de orientação para o risco, respetivamente.

Dev (2009) observou que o seguro de colheitas não é a solução a longo prazo para a variabilidade do rendimento. A prevenção dos riscos ou a redução dos riscos na agricultura é importante. Para reduzir o risco na agricultura, temos de nos concentrar mais na gestão da terra e da água, incluindo o desenvolvimento da irrigação, a conservação dos solos, o desenvolvimento das bacias hidrográficas, a conservação da água e a melhoria dos sistemas públicos de distribuição.

Rathod (2009) concluiu que a maioria (67,50%) dos produtores de pimentão tinha um nível médio de orientação para o risco, enquanto 20,00 e 12,50% tinham um nível alto e baixo de orientação para o risco, respetivamente

Palanisamy (2011) indicou que 45,00 por cento dos beneficiários da agricultura de precisão tinham um elevado nível de orientação para o risco, enquanto 42,00 por cento dos beneficiários da agricultura de precisão tinham um nível médio e os restantes 13,00 por cento dos beneficiários tinham um baixo nível de orientação para o risco.

Patil (2011) observou que a maioria (64,66 por cento) dos produtores de sorgo tinha um nível médio de orientação para o risco, seguido por 22,00 por cento com um nível baixo e 13,34 por cento com um alto nível de orientação para o risco.

Sesane et al. (2012) referiram que a maioria (63,75 por cento) dos inquiridos tinha um nível médio de orientação para o risco, seguido de 21,25 por cento e 15,00 por cento dos inquiridos com um nível elevado e baixo de orientação para o risco, respetivamente.

Singh e Pandey (2013) referiram que a maioria (55,00 por cento) dos produtores de arroz tinha um nível médio de orientação para o risco, seguido de 28,00 e 17,00 por cento que possuíam um nível elevado e baixo de orientação para o risco, respetivamente.

2.8.16 Capacidade de inovação

Chandra (2001) referiu que 38,34% dos inquiridos tinham um nível elevado de capacidade de inovação, seguido de níveis baixos (32,80%) e médios (29,16%) de capacidade de inovação.

Marimuthu (2001) revelou que 50,48% e 49,52% dos inquiridos pertenciam às categorias de inovação de nível baixo e médio, respetivamente.

Banumathi (2003) concluiu que três quartos (75,00 %) dos inquiridos tinham um nível elevado de capacidade de inovação, seguido de níveis médios (18,33 %) e baixos (29,16 %) de capacidade de inovação.

Senthilvadivoo (2003) revelou que 40,00 por cento dos inquiridos tinham um elevado nível de inovação, seguido de níveis baixos (35,00 %) e médios (25,00 %).

Asfaw e Admassie (2004) observaram que os agregados familiares chefiados por homens têm mais probabilidades de obter informações sobre novas tecnologias e de empreender actividades de risco do que os agregados familiares chefiados por mulheres.

Jayasree (2004) indicou que quase metade (47,50%) dos inquiridos tinha um nível médio de capacidade de inovação. 29,17% e 23,33% dos inquiridos tinham níveis baixos e elevados de capacidade de inovação, respetivamente.

Pandeti (2005) referiu que a maioria dos pequenos agricultores (47,50%) pertencia à categoria de baixa capacidade de inovação, enquanto 42,50% dos médios agricultores tinham uma capacidade de inovação média e 37,50% dos grandes agricultores pertenciam à categoria de elevada capacidade de inovação. No conjunto, a maioria dos agricultores (43,34%) pertencia à categoria de inovatividade média.

Shankara (2010) referiu que 85,83% dos inquiridos pertencem à categoria de inovatividade média, seguindo-se os restantes 14,17% que pertencem à categoria de baixa propensão para a inovação e ninguém pertence à categoria de alta propensão para a inovação.

2.8.17 Motivação económica

Gajendra T. H. (2011) observou que a maioria (81,33%) dos inquiridos tinha um nível médio de motivação económica. Apenas 10,67% e 08,00% dos inquiridos tinham uma motivação económica elevada e baixa, respetivamente.

Singh et al. (2008) indicaram que a maioria (61,00 por cento) dos produtores de algodão tinha um nível médio de motivação económica, seguido de 17,25 por cento dos produtores de algodão com um nível baixo de motivação económica e 21,75 por cento dos produtores de algodão com um nível elevado de motivação económica.

Pandya (2010) referiu que a maioria (63,00 por cento) dos adeptos da agricultura biológica tinha um nível médio de motivação económica, seguido de 15,00 por cento dos adeptos da agricultura biológica que tinham um nível baixo de motivação económica e 22,0 0 0 adeptos da agricultura biológica tinham um nível elevado de motivação económica.

Hingonekar (2011) referiu que mais de dois quintos (45,00 por cento) dos membros das FIG tinham um nível médio de motivação económica, seguidos de 32,50 por cento com um nível baixo de motivação económica e 22,50 por cento com um nível elevado de motivação económica.

Chaudhari (2012) observou que a maioria (62,14%) dos produtores de trigo tinha uma motivação económica média, enquanto 20,72% e 17,14% dos inquiridos tinham uma motivação económica baixa e alta, respetivamente.

Dhodia et al. (2014) referiram que a maioria (69,00 por cento) dos inquiridos tinha um nível médio de motivação económica, seguido de 20,00 por cento e 11,00 por cento com um nível baixo e alto de motivação económica, respetivamente.

2.8.18 Orientação da gestão

Sahana (2002) revelou que 46,67% dos agricultores tinham um nível médio de orientação para a gestão, apenas um terço (32,50%) dos agricultores tinha um nível elevado de orientação para a gestão e os restantes (20,83%) dos agricultores tinham um nível baixo de orientação para a gestão.

Nagesh (2005) revelou que a maioria (66,7%) dos inquiridos pertencia a um nível médio de orientação para a gestão, seguido de (19,2%) dos inquiridos que tinham um nível baixo de orientação para a gestão e 14,2% dos inquiridos que tinham um nível elevado de orientação para a gestão.

CAPÍTULO-3

TEÓRICA

ORIENTAÇÃO

A orientação teórica é um objetivo importante de uma tese para concetualizar os problemas, para ter uma ideia sobre as teorias associadas a todo o conceito do tópico selecionado para o estudo de investigação. O presente estudo de investigação está associado ao conceito e às teorias da segurança alimentar, da vulnerabilidade às alterações climáticas e da intervenção das estratégias de extensão para evitar a vulnerabilidade às alterações climáticas na agricultura.

3.1 Cenários de alterações climáticas para a Índia

As alterações climáticas na Índia podem provocar tensões adicionais nos sistemas ecológicos e socioeconómicos que já enfrentam enormes pressões devido à rápida urbanização, industrialização e desenvolvimento económico. Ao examinar estas pressões e impactes potenciais, a ciência do clima procura prever tendências futuras para ajudar a informar a elaboração de políticas. A ciência do clima utiliza o desenvolvimento de cenários e a previsão para compreender o grau de alteração do clima que poderá ocorrer e os diferentes factores que poderão afetar o grau de alteração do clima. Por exemplo, o crescimento económico e populacional pode aumentar as emissões de gases com efeito de estufa, contribuindo para as alterações climáticas, enquanto os avanços tecnológicos podem reduzir estes factores. Os elevados níveis de crescimento da economia e da população da Índia, combinados com as potenciais consequências das alterações climáticas, a informação sobre a forma como estes factores se inter-relacionam pode ser útil para orientar a elaboração de políticas a nível comunitário, regional e nacional.

3.1.1 A crescente ameaça das alterações climáticas na Índia

Os fenómenos extremos que têm um impacto imediato e um efeito a longo prazo do aumento das temperaturas estão a pôr em perigo vidas e a prejudicar a atividade económica. Há muito tempo, estas disparidades extremas podem ter sido atribuídas exclusivamente aos caprichos da natureza, mas agora a ciência estabeleceu que as alterações climáticas induzidas pelo homem estão a desempenhar um papel importante. As alterações climáticas, causadas pelas emissões das indústrias e por outras actividades humanas, estão a tornar o mundo mais quente, perturbando os padrões de precipitação e aumentando a frequência de fenómenos meteorológicos extremos. Nenhum país está imune a estas forças, mas a Índia é particularmente vulnerável. Em 2018-19, cerca de 2 400 indianos perderam a vida devido a fenómenos meteorológicos extremos, como inundações e ciclones, de acordo com o Ministério do Ambiente. O Departamento Meteorológico da Índia (IMD) informou que estes fenómenos estão a aumentar tanto em frequência como em intensidade. Os fenómenos extremos podem ser o impacto mais tangível e imediato das alterações climáticas, mas outro efeito mais a longo prazo e igualmente perigoso é o aumento das temperaturas.

Na Índia, de acordo com os dados do IMD divulgados pelo Ministério das Estatísticas, as temperaturas médias aumentaram 0,6 graus Celsius (° C) entre 1901-10 e 2009-18. A um nível anual, isto pode parecer trivial, mas as projecções mais profundas para o futuro pintam um quadro mais alarmante. Por exemplo, o Banco Mundial estima que, se as alterações climáticas continuarem sem impedimentos, as temperaturas médias na Índia poderão atingir 29,1° C até ao final do século (contra os actuais 25,1° C).

A vulnerabilidade de uma região às alterações de temperatura depende de vários factores, como o acesso a infra-estruturas (eletricidade, estradas e ligações de água) e a dependência da agricultura. De acordo com o Banco Mundial, os distritos centrais da Índia são os mais vulneráveis às alterações climáticas porque não dispõem de infra-estruturas e são maioritariamente agrários. Dentro desta região, os distritos da região de Vidarbha, em Maharashtra, são particularmente susceptíveis aos danos causados pelas alterações climáticas. Estes são também os distritos que já se encontram numa situação de grave sofrimento rural, tendo registado o maior número de suicídios de agricultores nos últimos anos. Nestes distritos, o Banco Mundial sugere que o PIB per capita poderá diminuir cerca de 10% até 2050 devido às alterações climáticas.

Uma das principais causas da queda dos rendimentos são os efeitos das alterações climáticas nos agricultores. A monção e as temperaturas adequadas são factores críticos para os agricultores. O clima mais quente e a interrupção da precipitação afectam o rendimento das culturas e, consequentemente, os seus rendimentos. De acordo com o Inquérito Económico de 2017-18, as temperaturas extremas e as secas (definidas como temperaturas ou perdas de precipitação 40% superiores à mediana) reduzem os rendimentos dos agricultores em 4-14% para as principais culturas. Os agricultores mais pobres das regiões com infra-estruturas mais fracas e menos irrigação são os mais afectados.

3.1.2 Alterações climáticas e agricultura indiana

Um dos principais desafios que a humanidade enfrenta é o de proporcionar um nível de vida equitativo às gerações actuais e futuras: alimentação adequada, água, energia, abrigo seguro e um ambiente saudável. No entanto, as questões ambientais globais, como a degradação dos solos, a perda de biodiversidade, o empobrecimento do ozono estratosférico e as alterações climáticas induzidas pelo homem, ameaçam a nossa capacidade de satisfazer as necessidades humanas básicas. O Terceiro Relatório de Avaliação (TAR) do Painel Intergovernamental sobre as Alterações Climáticas (IPCC) reafirma que o clima está a mudar de uma forma que não pode ser explicada pela variabilidade natural e que está a ocorrer um "aquecimento global". As temperaturas médias globais aumentaram (0,6° C no último século), tendo a última década sido a mais quente de que há registo. As alterações climáticas afectarão negativamente, em muitas partes do mundo, os sectores socioeconómicos, incluindo os recursos hídricos, a agricultura, a silvicultura, as pescas e os assentamentos humanos, os sistemas ecológicos e a saúde humana, especialmente nos países em desenvolvimento devido à sua vulnerabilidade.

A vulnerabilidade às alterações climáticas está estreitamente relacionada com a pobreza, uma vez que os pobres dispõem de menos recursos financeiros e técnicos. Estão fortemente dependentes de sectores sensíveis ao clima, como a agricultura e a silvicultura; vivem frequentemente em terras marginais e as suas estruturas económicas são frágeis. Isto é verdade para um país em desenvolvimento como a Índia, onde a agricultura continua a ser o pilar da economia, contribuindo com quase 27% do Produto Interno Bruto (PIB) total e empregando quase dois terços da população do país. As exportações agrícolas representam 13 a 18% do total das exportações anuais do país. No entanto, dado que 62% da área cultivada continua a depender da precipitação, a agricultura indiana continua a ser fundamentalmente dependente das condições climatéricas.

As alterações climáticas terão um impacto económico na agricultura, incluindo alterações na rentabilidade das explorações agrícolas, nos preços, na oferta, na procura e no comércio. A magnitude e a distribuição geográfica dessas alterações induzidas pelo clima podem afetar a nossa capacidade de expandir a produção alimentar necessária para alimentar a população. As alterações climáticas poderão, assim, ter efeitos de grande alcance nos padrões de comércio entre nações, no desenvolvimento e na segurança alimentar.

A agricultura é sensível às alterações meteorológicas a curto prazo e às variações sazonais, anuais e a longo prazo do clima. O rendimento das culturas é o culminar de um conjunto diversificado de factores. Parâmetros como o solo, as sementes, as pragas e doenças, os fertilizantes e as práticas agronómicas exercem uma influência significativa no rendimento das culturas. O aumento da população, juntamente com as alterações climáticas e os problemas ambientais induzidos pelo homem, está a revelar-se cada vez mais um fator limitativo para aumentar a produtividade agrícola e garantir a segurança alimentar das populações rurais pobres.

A produtividade agrícola pode ser afetada pelas alterações climáticas de duas formas: em primeiro lugar, diretamente, devido a alterações na temperatura, na precipitação e/ou nos níveis de CO_2 e, em segundo lugar, indiretamente, através de alterações no solo, na distribuição e na frequência de infestação por pragas, insectos, doenças ou ervas daninhas.

As condições de escassez aguda de água, combinadas com o stress térmico, poderão afetar negativamente a produtividade do trigo e, mais gravemente, do arroz na Índia, mesmo sob os efeitos positivos de um CO_2 elevado no futuro. De acordo com o relatório do Comité Penal Intergovernamental para as Alterações Climáticas, prevê-se que a temperatura média na Índia aumente entre $0{,}1^0$ C e $0{,}3^0$ C na *kharif* (verão) e entre $0{,}3^0$ C e $0{,}7^0$ *C na rabi* (inverno) até 2010 e entre $0{,}4^0$ C e $2{,}0^0$ C na *kharif* e entre $1{,}1^0$ C e $4{,}5^0$ C na *rabi* até 2070. Prevê-se que a precipitação média não se altere até 2010, mas que possa aumentar 10% durante o *rabi* até 2070. Simultaneamente, existe uma maior possibilidade de ocorrência de fenómenos climáticos extremos, como o momento do início das monções e a intensidade e frequência das secas e inundações.

3.1.3 Agricultura, alimentação e água - Hoje e amanhã

A área irrigada do mundo aumentou dramaticamente durante o início e meados do século XX, impulsionada pelo rápido crescimento da população e pela consequente procura de alimentos. A irrigação fornece aproximadamente 40% dos alimentos do mundo, incluindo a maior parte da sua produção hortícola, a partir de cerca de 20% das terras agrícolas, ou seja, cerca de 300 milhões de hectares em todo o mundo. A tecnologia da Revolução Verde, que consiste em grandes quantidades de fertilizantes azotados, aplicados a variedades de arroz e de trigo de cana curta e de estação curta, exigiu muitas vezes a irrigação para realizar o seu potencial na Ásia.

As preferências alimentares estão a mudar para refletir este facto, com tendências de declínio no consumo de hidratos de carbono básicos e um aumento da procura de produtos de luxo como o leite, a carne, as frutas e os legumes - que dependem fortemente da irrigação em muitas partes do mundo. A eficiência da produção de produtos de origem animal é inferior à das culturas, pelo que é necessária uma produção primária suplementar a partir de pastagens, pastagens e culturas arvenses para satisfazer a procura de alimentos.

Prevê-se que a futura procura mundial de alimentos aumente cerca de 70% até 2050, mas duplicará aproximadamente nos países em desenvolvimento. Mantendo-se tudo o resto constante (ou seja, um mundo sem alterações climáticas), a quantidade de água retirada pela agricultura de regadio terá de aumentar 11% para corresponder à procura de produção de biomassa.

3.2 Tipologia dos sistemas agrícolas e impactes climáticos

Os riscos emergentes das alterações climáticas relacionados com o desenvolvimento sustentável incluem perdas de serviços ecossistémicos, desafios à gestão dos solos e da água, efeitos na saúde humana, riscos específicos de danos e perdas graves em determinadas zonas vulneráveis, aumento dos preços dos produtos alimentares no mercado mundial, consequências para os fluxos migratórios em determinados momentos e locais, aumento dos riscos de inundações, riscos de insegurança alimentar, riscos sistémicos para as infra-estruturas decorrentes de fenómenos extremos, perda de biodiversidade e riscos para os meios de subsistência rurais. Estes riscos diferem em função da magnitude das alterações climáticas e das diferenças regionais e socioeconómicas em termos de vulnerabilidade. Alguns sistemas únicos e ameaçados estão em risco às temperaturas actuais, com riscos crescentes mesmo com aumentos relativamente pequenos da temperatura média global. Os riscos aumentam se a magnitude do aquecimento aumentar.

Os impactos globais das alterações climáticas na agricultura dependerão dos choques a nível local e regional. Propõe-se uma tipologia para ajudar a definir onde a irrigação e outras formas de gestão dos recursos hídricos agrícolas são importantes e serão afectadas pelas alterações climáticas:

1. Grandes sistemas de irrigação de superfície alimentados por glaciares e pelo degelo (nomeadamente no norte da Índia e da China).

2. Os grandes deltas que podem ficar submersos devido à subida do nível do mar são cada vez mais susceptíveis de sofrer danos causados por inundações e tempestades (ciclones) ou de sofrer intrusões de salinidade através das águas superficiais e subterrâneas.

3. Sistemas de águas superficiais e subterrâneas em zonas áridas e semi-áridas, onde a precipitação diminuirá e se tornará mais variável.

4. Trópicos húmidos com sistemas de armazenamento sazonal nas regiões de monção, onde a proporção do rendimento do armazenamento diminuirá, mas os caudais de pico das cheias poderão aumentar.

5. Todas as zonas de irrigação suplementar onde as consequências da irregularidade da precipitação são atenuadas por intervenções a curto prazo para captar e armazenar mais humidade no solo ou escoamento.

3.2.1 Impactos das alterações climáticas na agricultura e noutros sectores

Atualmente, a agricultura indiana tem uma área semeada bruta de 190 milhões de hectares (142 milhões de hectares de área semeada líquida), sendo 40% desta área irrigada. A Índia é atualmente o maior produtor mundial de leite, frutas, castanha de caju, coco e chá, o segundo maior produtor de trigo, legumes, açúcar e peixe e o terceiro maior produtor de arroz. Este crescimento da produção agrícola conduziu também a consideráveis excedentes de existências alimentares adquiridas pelo governo. A segurança alimentar da Índia pode voltar a estar em risco no futuro devido ao crescimento contínuo da população. Prevê-se que, em 2050, a população da Índia aumente para 1,6 mil milhões de pessoas. Este aumento rápido e contínuo da população implica uma maior procura de alimentos.

Prevê-se que a procura de arroz e trigo, os alimentos básicos predominantes, aumente para 122MT e 103MT, respetivamente, até 2020, pressupondo um crescimento médio do rendimento. A procura de leguminosas, frutas, legumes, leite, carne, ovos e produtos marinhos também deverá registar um aumento muito acentuado. Estes alimentos adicionais terão de ser produzidos a partir da mesma base de recursos terrestres ou, eventualmente, de uma base cada vez mais reduzida, uma vez que não há mais terras disponíveis para cultivo. Estima-se que os rendimentos médios do arroz, do trigo, dos cereais secundários e das leguminosas tenham de aumentar 56, 62, 36 e 116%, respetivamente, até 2020. Embora haja pressão para aumentar a produção a fim de satisfazer uma procura mais elevada, tem-se registado ultimamente um abrandamento significativo da taxa de crescimento da produção e do rendimento das áreas cultivadas.

No século XXI, um dos grandes desafios para a agricultura indiana é assegurar que a produção de alimentos seja compatível com a redução da pobreza e a preservação do ambiente. O roteiro do desenvolvimento agrícola sustentável poderá também ter de considerar dois outros importantes factores globais de mudança na agricultura nas próximas décadas: a globalização e as alterações climáticas. O processo de globalização em curso e a liberalização do comércio multilateral associada à Organização Mundial do Comércio (OMC) estão a obrigar a Índia a fazer ajustamentos estruturais no sector agrícola para aumentar a sua competitividade e eficiência.

As alterações climáticas terão impacto na extensão e na produtividade da agricultura de regadio e de sequeiro em todo o mundo. A agricultura representa uma parte essencial da economia indiana e fornece alimentos e actividades de subsistência a grande parte da população indiana. Embora a magnitude do impacte varie muito de região para região, prevê-se que as alterações climáticas tenham impacto na produtividade agrícola e alterem os padrões das culturas. As implicações políticas são de grande alcance, uma vez que as alterações na agricultura podem afetar a segurança alimentar, a política comercial, as actividades de subsistência e as questões relacionadas com a conservação da água, com impacto em grandes parcelas da população.

O impacto das alterações climáticas na agricultura poderá resultar em problemas de segurança alimentar e ameaçar as actividades de subsistência de que depende grande parte da população. As alterações climáticas podem afetar o rendimento das culturas (tanto positiva como negativamente), bem como os tipos de culturas que podem ser cultivadas em determinadas zonas, influenciando os factores de produção agrícola, como a água para irrigação, as quantidades de radiação solar que afectam o crescimento das plantas, bem como a prevalência de pragas.

A produção agrícola é realizada através da seleção de culturas adequadas ao clima de uma região específica e da aplicação de métodos agrícolas adequados. Por conseguinte, a agricultura é uma bio-indústria dependente do clima com características regionais notáveis. As alterações climáticas perturbam o ecossistema agrícola, resultando na alteração dos elementos climáticos agrícolas, como a temperatura, a precipitação e a luz solar, e influenciando ainda mais os sectores das culturas arvenses, da pecuária e da hidrologia. O fluxo dos impactos das alterações climáticas no sector agrícola pode ser ilustrado da seguinte forma

1. Os impactos das alterações climáticas no sector das culturas arvenses e da pecuária são conhecidos pelas alterações biológicas, incluindo a mudança das épocas de floração e de colheita, a alteração da qualidade e a deslocação das zonas adequadas para o cultivo.

2. As alterações climáticas afectam o ecossistema agrícola, dando origem a pragas e parasitas e provocando movimentos populacionais e alterações na biodiversidade. No sector da pecuária, as alterações climáticas provocam mudanças biológicas em áreas como a fertilização e a reprodução e afectam também o padrão de crescimento das pastagens.

3. As alterações climáticas afectam a hidrologia, incluindo o nível das águas subterrâneas, a temperatura da água, o caudal dos rios e a qualidade da água dos lagos e pântanos, através do impacto da precipitação, da evaporação e do teor de humidade do solo. Para avaliar os impactos quantitativos das alterações climáticas nos recursos hídricos, é utilizado um modelo hidrológico determinístico, baseado no modelo de circulação geral.

4. As alterações climáticas têm um vasto leque de impactos na economia rural, incluindo a produtividade agrícola, os rendimentos das famílias rurais e os valores dos activos, e afectam também a infraestrutura agrícola através da alteração das fontes de água disponíveis para a agricultura.

Os impactos positivos do aquecimento global incluem o aumento da produtividade das culturas devido ao efeito de fertilização provocado pelo aumento da concentração de dióxido de carbono na atmosfera, a expansão das áreas disponíveis para a produção de culturas tropicais e/ou subtropicais, a expansão da agricultura de duas culturas devido ao aumento do período de cultivo, a redução dos danos das culturas de inverno devido à baixa temperatura e a redução do custo de aquecimento das culturas cultivadas em instalações de cultivo protegidas.

Figura: 3.1 Potenciais impactos do aquecimento global no sector agrícola

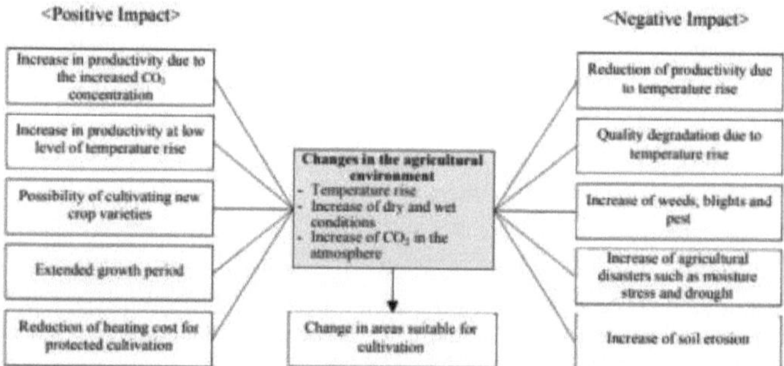

Source: Kim, Chang-Gil and et al. (2009).

Os impactos negativos do aquecimento global incluem a redução da quantidade e da qualidade das colheitas, devido à redução do período de crescimento na sequência de elevados níveis de aumento da temperatura; a redução do teor de açúcar, a má coloração e a menor estabilidade de armazenamento dos frutos; o aumento de ervas daninhas, pragas e insectos nocivos nas culturas; a redução da fertilidade dos solos devido à decomposição acelerada de substâncias orgânicas; e o aumento da erosão dos solos devido ao aumento da precipitação.

Tanto os meios de subsistência das comunidades rurais como a segurança alimentar de uma população predominantemente urbana estão, por conseguinte, em risco devido aos impactos relacionados com a água, ligados principalmente à variabilidade climática. **3.2.2 Relação entre alterações climáticas e segurança alimentar**

De acordo com a Organização das Nações Unidas para a Alimentação e a Agricultura

(FAO), o número de pessoas que sofrem de fome crónica aumentou de menos de 800 milhões em 1996 para mais de mil milhões (FAO, 2016). A relação entre as alterações climáticas e a segurança alimentar é apresentada na figura. A maior parte da população mundial que passa fome encontra-se no Sul da Ásia e na África Subsariana. Estas regiões têm grandes populações rurais, pobreza generalizada e extensas áreas de baixa produtividade agrícola devido a bases de recursos em constante degradação, mercados fracos e riscos climáticos elevados (Misra, 2014). Em estudos recentes e opções para apoiar os agricultores, particularmente os pequenos agricultores, na obtenção de segurança alimentar através da agricultura sob as acções das alterações climáticas nas seguintes áreas (Vermeulen et al., 2012) devem ser tomadas:

(a) Adaptação acelerada às alterações climáticas progressivas em escalas de tempo decadais.

(b) Gestão dos riscos agrícolas associados à crescente variabilidade climática e aos fenómenos extremos.

(c) Acções de atenuação que envolvam tanto a fixação do carbono como a redução das emissões.

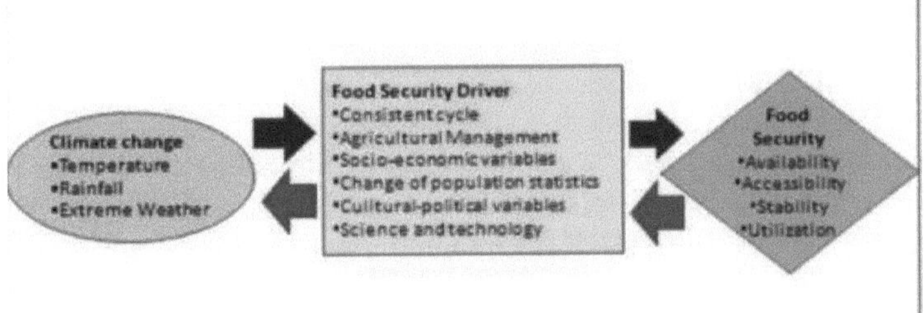

Figura: 3.2 Conexão entre as alterações climáticas e a segurança alimentar [Fonte: Ziervogel & Erickson(2010)]

As condições climáticas erráticas e a sua variabilidade ao longo do tempo desempenham um papel importante na produção agrícola e no rendimento global. A maior parte das quebras de colheitas a nível mundial está associada à falta ou ao excesso de precipitação. Uma previsão climática precisa pode reduzir os riscos de quebra de colheitas e ajudar nos processos de pré e pós-decisão para um melhor rendimento agrícola.

Gerir a segurança alimentar e o desenvolvimento sustentável é um dos maiores desafios a nível mundial. A maioria dos países não é capaz de fornecer às pessoas quantidades suficientes de alimentos nutritivos para que possam viver de forma saudável. Acredita-se firmemente que há alimentos suficientes no mundo para alimentar toda a gente de forma adequada, mas o problema é a distribuição e a gestão. Por conseguinte, é necessário desenvolver e implementar um plano de segurança alimentar que inclua procedimentos para lidar com ameaças, adulteração de produtos e plano de armazenamento e distribuição de produtos, juntamente com um procedimento de monitorização. Além disso, deve haver uma ação correctiva que impeça os produtos de entrarem no comércio.

3.3 Estratégias de mitigação e adaptação do sector agrícola

Os riscos e desafios que o sector agrícola pode considerar face às alterações climáticas, representadas pelo aquecimento global, dividem-se em grande parte no método de mitigação que reduz a escala e a taxa das alterações climáticas, atenuando e absorvendo as emissões de gases com efeito de estufa, e no método de adaptação que admite a inevitabilidade do aquecimento global, compreende os impactos das alterações climáticas e minimiza os danos que estas podem causar. Uma vez iniciadas as alterações climáticas, os componentes do sistema climático (como a atmosfera, a hidrosfera, a criosfera, a biosfera, a litosfera, etc.) são inicialmente afectados pelas alterações climáticas, ao serem expostos a elas e ao tentarem adaptar-se voluntariamente a esse estímulo. No entanto, se o impacto das alterações climáticas for enorme, o sistema climático não pode lidar com o impacto apenas através da adaptação voluntária, pelo que se deve tentar uma adaptação planeada que necessite de medidas especiais. A atenuação que reduz as emissões de gases com efeito de estufa contribui para evitar, reduzir e adiar vários impactos das alterações climáticas. Dado que a atenuação e a adaptação às alterações climáticas estão intimamente relacionadas entre si, a atenuação pode ser considerada como fazendo parte das medidas de adaptação numa perspetiva de longo prazo. Por conseguinte, a adaptação às alterações climáticas não é opcional, mas sim uma contramedida obrigatória contra as alterações climáticas.

As medidas de atenuação para o sector agrícola incluem a melhoria dos métodos de cultivo através de um melhor controlo da irrigação e da fertilização para o sector arável, a fim de suprimir os principais gases com efeito de estufa, como o metano (CH_4) e o óxido nitroso (N_2O), a melhoria das tecnologias de tratamento dos excrementos dos animais no sector pecuário e a fixação do carbono no solo das terras agrícolas.

3.3.1 Algumas medidas de adaptação a nível dos agricultores

Seguem-se algumas das medidas de adaptação que os agricultores têm de adotar nas suas práticas de cultivo devido às alterações climáticas

• Para as culturas de estação curta, como o trigo, o arroz, a cevada, a aveia e muitas culturas hortícolas, o prolongamento da estação de crescimento pode permitir mais colheitas num ano.

• As cultivares de estação mais longa podem ser semeadas para proporcionar um rendimento mais estável em condições mais variáveis.

• É necessário adotar variedades de maturação tardia e alterar a época de sementeira para tirar partido dos períodos de crescimento mais longos.

• Podem ser adoptadas alterações no padrão de cultivo (mudança do sistema de cultivo arroz-trigo para outras misturas de culturas favoráveis). A diversificação das culturas no Canadá e na China foi identificada como uma resposta de adaptação.

• As variedades tolerantes ao calor e à seca, às pragas e aos sais seriam benéficas. A engenharia genética e a cartografia genética oferecem o potencial para a introdução de uma gama mais vasta de características.

• As tecnologias de mobilização mínima, reduzida ou de conservação do solo, em combinação com a plantação de culturas de cobertura e de adubos verdes, oferecem possibilidades substanciais de inverter a atual perda de matéria orgânica do solo, de humidade do solo, de erosão do solo e de nutrientes, a fim de combater as perdas adicionais devidas às alterações climáticas.

• Prevê-se que os recursos hídricos nas regiões semi-áridas diminuam devido às alterações climáticas. O aumento da evaporação (resultante do aumento da temperatura), combinado com alterações nas características da precipitação (quantidade, variabilidade e frequência), pode afetar a agricultura - o principal utilizador de água. É necessária uma melhor gestão da água para aumentar a produtividade das culturas e garantir a segurança alimentar. Em geral, a agricultura de regadio é menos afetada do que a agricultura de sequeiro.

3.3.2 Estratégias para enfrentar o desafio

As medidas específicas só podem dar uma resposta adaptativa bem sucedida se forem adoptadas em situações inadequadas. É necessário ter em conta uma série de questões, incluindo o planeamento da utilização dos solos, a gestão das bacias hidrográficas, a avaliação da vulnerabilidade a catástrofes, a adequação dos portos e dos caminhos-de-ferro, a política comercial e os vários programas que os países utilizam para incentivar ou controlar a produção, limitar os preços dos alimentos e gerir os recursos utilizados na agricultura.

Entre as estratégias importantes para melhorar a capacidade da agricultura de responder a diversas exigências e pressões contam-se

• Melhoria da formação e da educação geral das populações dependentes da agricultura.

• Deve ser dada uma importância primordial à investigação sobre o desenvolvimento de novas variedades, que incorporem várias características como a tolerância ao calor e à seca, a resistência ao sal e às pragas.

• Programas alimentares e outros programas de segurança social, a fim de garantir a proteção contra alterações da oferta local.

• É necessário melhorar as infra-estruturas de transporte, distribuição e mercado.

• As políticas actuais podem limitar uma resposta eficaz às alterações climáticas. Alterações em políticas como os regimes de subsídios às culturas, os sistemas de propriedade fundiária, os preços e a afetação da água e os obstáculos ao comércio internacional podem aumentar a capacidade de adaptação da agricultura

3.3.3 Elementos dos percursos resilientes às alterações climáticas

Seguem-se alguns elementos/estratégias de extensão que ajudam a gerir a vulnerabilidade às alterações climáticas

Sensibilização e capacidade

❖ Um elevado nível de sensibilização social para os riscos das alterações climáticas.

❖ Compromisso demonstrado de contribuir adequadamente para a redução das emissões líquidas de gases com efeito de estufa, integrado nas estratégias nacionais de desenvolvimento.

❖ Mudança institucional para uma gestão mais eficaz dos recursos através da ação colectiva.

❖ Desenvolvimento do capital humano para melhorar a gestão dos riscos e as capacidades de adaptação.

❖ Liderança para a sustentabilidade que responda efetivamente a desafios complexos.

Recursos

❖ Acesso a conhecimentos científicos e tecnológicos especializados e opções para a resolução de problemas, incluindo mecanismos eficazes para fornecer informações, serviços e normas sobre o clima.

❖ Acesso a financiamento para estratégias e acções adequadas de resposta às alterações climáticas.

❖ Ligações de informação para aprender com as experiências de outros em matéria de atenuação e adaptação.

Práticas

❖ Desenvolvimento e avaliação contínuos de avaliações de vulnerabilidade institucionalizadas e desenvolvimento de estratégias de gestão de riscos, e aperfeiçoamento com base em informações e experiências emergentes.

❖ Monitorização dos impactos emergentes das alterações climáticas e planos de emergência para lhes dar resposta, incluindo eventuais necessidades de respostas transformacionais.

❖ Quadros políticos, regulamentares e jurídicos que incentivem e apoiem acções voluntárias distribuídas para a gestão dos riscos das alterações climáticas.

❖ Programas eficazes para ajudar as populações e os sistemas mais vulneráveis a fazer face aos impactos das alterações climáticas.

CAPÍTULO-4

INVESTIGAÇÃO METODOLOGIA

A abordagem dos vários desafios associados ao conceito de estratégias de extensão adoptadas pelos agricultores devido às alterações climáticas, e as teorias da segurança alimentar devido às alterações climáticas necessitam de uma maior exposição de metodologias sistemáticas. Este capítulo específico trata principalmente do conceito, da metodologia e dos procedimentos adoptados na conceção do estudo, dos métodos seguidos na recolha de dados junto dos inquiridos, da interpretação dos dados e da formulação das teorias relativas às estratégias adoptadas devido às alterações climáticas. Isto será conseguido com a ajuda de uma metodologia de investigação estruturada adoptada para operacionalizar e desenvolver um quadro concetual. Para uma melhor compreensão, este capítulo está agrupado nos seguintes subtemas:

4.1 Local de investigação

4.2 Conceção da amostragem

4.3 Estudo-piloto

4.4 Hipótese

4.5 Variáveis e sua medição

4.6 Método de recolha de dados

4.7 Instrumentos estatísticos utilizados para a análise dos dados.

4.1 Local de investigação

O presente estudo, intitulado "Revisitar as estratégias de extensão para evitar as vulnerabilidades às alterações climáticas na agricultura, a fim de garantir a segurança alimentar" em Cooch Behar, Bengala Ocidental, foi selecionado e realizado no distrito de Cooch Behar pelas seguintes razões

• A área de estudo selecionada é mais vulnerável aos riscos climáticos, uma vez que é o hotspot da biodiversidade com diferentes tipos de flora e fauna.

• As pessoas desta zona dependem sobretudo da agricultura e de actividades conexas para a sua subsistência e os discursos sobre as alterações climáticas têm um impacto muito maior nos pequenos agricultores.

• As universidades e o Krishi Vigyan Kendra divulgam aos agricultores da zona de investigação uma ampla oportunidade de gerar informação graças às várias tecnologias relacionadas com as alterações climáticas.

• A familiaridade do investigador com a área, as pessoas e o prestador de serviços de extensão.

• A comunidade agrícola da zona de estudo é mais reactiva e pratica várias estratégias de combate às alterações climáticas em função das suas culturas.

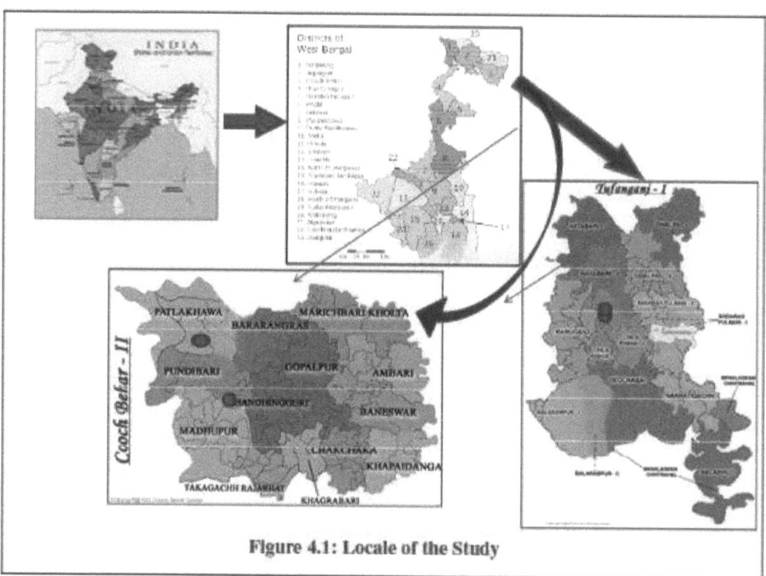

Figure 4.1: Locale of the Study

- Figura 4.1: Local do estudo

4.2 Conceção da amostragem

Para realizar a investigação com uma boa perspetiva metodológica, foram seguidos no presente estudo procedimentos de amostragem em várias fases, intencionais e aleatórios. O distrito de Cooch Behar, em Bengala Ocidental, foi selecionado para o estudo de forma intencional. No distrito de Cooch Behar, os blocos Cooch Behar - II e Tufanganj -I foram seleccionados propositadamente devido à disponibilidade de agricultores diversificados e inovadores para acederem aos serviços de informação relacionados com as alterações climáticas na agricultura e sectores conexos. Para a realização deste estudo, foram seleccionadas aleatoriamente quatro aldeias, nomeadamente Chilakhana e Maruganj, no bloco Tufanganj - I, e Singimari Pachimpar e Pedbhata Chandanchowra, no bloco Cooch Behar - II. De acordo com a informação recebida da aldeia, Singimari pachimpar tem 355 agregados familiares, Pedbhata chandachowra tem 357 agregados familiares, Chilakhana tem 351 agregados familiares e Maruganj tem 365 agregados familiares.

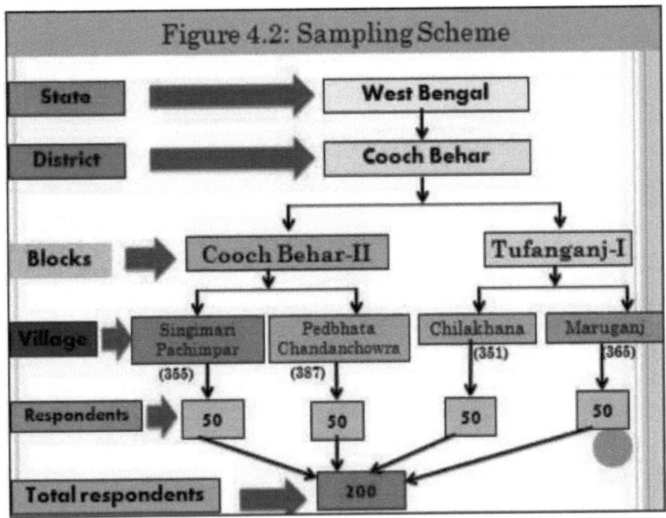

Foi **elaborada** uma lista exaustiva dos produtores agrícolas de cada agregado familiar com a ajuda da população local, dos **administradores** locais (*Panchayat* Pradhan), dos funcionários da extensão agrícola a nível de quarteirão e do *Krishi Vigyan Kendra* (KVK), Cooch Behar. Assim, da lista exaustiva, foram **seleccionados** aleatoriamente 50 produtores agrícolas de cada aldeia para o presente estudo, de modo a constituir um total **de** 200 produtores agrícolas inquiridos.

4.3 Estudo-piloto

Foi realizado um estudo-piloto nas áreas de investigação seleccionadas antes de realizar a atividade de investigação propriamente dita para compreender a área, as pessoas e os canais de comunicação. Foi estudado um **esboço** da informação de base sobre as estratégias diversificadas em matéria de alterações climáticas adoptadas por vários agricultores da localidade que estão associados à extensão agrícola e utilizado para a construção de ferramentas de trabalho reformadoras.

4.4 Hipótese

Uma hipótese definida é uma "generalização provisória, cuja validade está ainda por testar". Nas fases iniciais do trabalho de investigação, a hipótese pode ser qualquer ideia imaginativa, que se torna uma base para o investigador trabalhar e atuar com base nos resultados. Tendo em conta o objeto específico do presente estudo, foram elaboradas as seguintes hipóteses para o presente estudo, que são descritas sob a forma de hipótese nula.

Ho1: Os factores sócio-pessoais, sócio-económicos, de comunicação da extensão e sócio-psicológicos dos produtores agrícolas não influenciam a perceção da segurança alimentar afetada devido às alterações climáticas e à vulnerabilidade às alterações climáticas na agricultura.

H12: Não existem diferenças entre os blocos no caso da perceção da segurança alimentar afetada pelas alterações climáticas e da vulnerabilidade às alterações climáticas na agricultura.

H13: Não seria necessária uma estratégia de extensão adequada para fazer face à segurança alimentar afetada pelas alterações climáticas e à vulnerabilidade às alterações climáticas na agricultura.

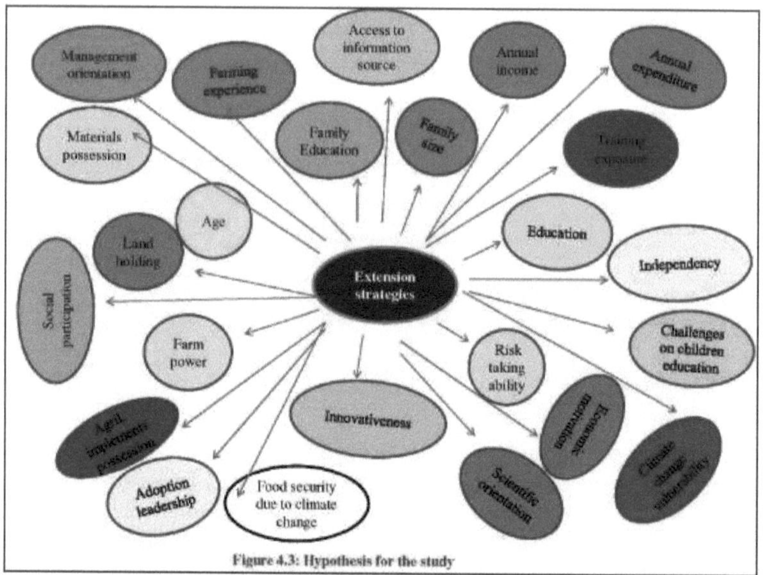

Figure 4.3: Hypothesis for the study

4.5 Variáveis e sua medição A medição, em termos gerais, é expressa como o ato de medir algo ou um objeto ou um acontecimento, etc. Para medir esse objeto pretendido, é necessário dispor de uma escala constante. Uma variável pode ser definida como uma "coisa que é observada e que é de tal natureza que cada observação pode ser classificada numa e apenas uma de várias classes mutuamente exclusivas". Depois de ter em consideração a revisão da literatura e a discussão com os peritos, foram seleccionadas para o presente estudo as seguintes vinte variáveis independentes e duas variáveis dependentes. A lista de variáveis está agrupada nas seguintes categorias e as escalas utilizadas para medir estas variáveis estão enumeradas no quadro 4.1.

Variável independente

Uma variável independente é definida como a variável que é alterada ou controlada numa experiência científica. Representa a causa ou a razão de um resultado.

A. Variáveis sociopessoais

1. Idade

A idade foi operacionalizada como a idade cronológica do inquirido, que se refere à idade cronológica dos inquiridos no momento do inquérito. No presente estudo, o número de anos atingido pelo inquirido é arredondado para o número inteiro mais próximo durante o período em que a investigação foi efectuada. Em seguida, o total dos inquiridos foi categorizado em três categorias: jovens, meia-idade e idosos, com base na média e no desvio-padrão. A categorização foi efectuada de acordo com a regra geral da média ± DP.

Sl. Não.	Categoria	Intervalo de pontuação (n=200)
1.	Jovens idosos	< 40 anos
2.	Idade média	40 - 61 anos

3.	Velho	> 61 anos

2. Nível de escolaridade

A educação pode ser definida como o nível de educação formal concluído com êxito na instituição ou o nível de literacia frequentado pelo inquirido é registado.

A educação é o processo de facilitar a aprendizagem num indivíduo, o que ajuda a alterar os seus conhecimentos, competências, valores e comportamentos na vida social. Para o presente estudo, refere-se ao nível de literacia do inquirido ou às qualificações académicas adquiridas. O estatuto educativo dos inquiridos foi classificado com a ajuda de uma escala ligeiramente modificada desenvolvida por Supe (2007):

Sl. Não.	Categoria	Pontuação
1	Analfabeto	0
2	Só pode ler	1
3	Sabe ler e escrever	2
4	Primário	3
5	Médio	4
6	Ensino secundário	5
7	Licenciado	6

3. Experiência agrícola

É operacionalizado como o número de anos completos que uma pessoa tem ao serviço numa organização formal ou o número de anos que um agricultor está a cultivar. No presente estudo, o número de anos atingido pelo inquirido é arredondado para o número inteiro mais próximo e é anotado durante a entrevista com o inquirido. Em seguida, o total de inquiridos foi categorizado em três, ou seja, experiência baixa, média e alta, com base na média e no desvio padrão. A categorização foi efectuada seguindo a regra geral da média ± DP.

Sl. Não.	Categoria	Intervalo de pontuação (n=200)
1.	Baixa	<19 anos
2.	Médio	19 - 40 anos
3.	Elevado	>40 anos

4. Estado de instrução da família

Refere-se ao nível de instrução de todos os membros da família na faixa etária elegível para o ensino formal, ou seja, excluindo as crianças com menos de seis anos de idade. Esta variável é medida com a ajuda de um procedimento seguido por Bhairamkar (2009). A pontuação total é obtida através da adição do respetivo nível concluído por cada membro e a pontuação do nível de instrução da família é obtida dividindo a pontuação total por um número elegível de membros da família. O nível de instrução da família é calculado com a ajuda da seguinte fórmula

$$\text{Nível de instrução da família} = \frac{E1 + E2 + En}{N}$$

5. Tamanho da família

A dimensão da família é a representação do número total de indivíduos presentes numa determinada família. É operacionalizado como o número total de membros da família que vivem juntos numa casa durante o período da entrevista. A pontuação é atribuída de acordo com o número total de membros da família, um por cada. O total de inquiridos foi categorizado em três categorias: dimensão familiar baixa, média e elevada, com base na média e no desvio padrão. A categorização da variável dimensão da família em baixa, média e alta. A dimensão da família dos inquiridos foi classificada com a ajuda de uma escala ligeiramente modificada desenvolvida por Venkataramaiah (1983). A categorização foi efectuada seguindo a regra geral da média ± DP.

Sl. Não.	Categorias	Intervalo de pontuação (n=200)
1.	Pequeno	< 3 membros
2.	Médio	3-5 membros
3.	Grande	>5 membros

B. Variável socioeconómica
6. Rendimento anual

O rendimento anual de uma família pode ser operacionalizado como o total de rendimentos de cada membro da família provenientes de fontes primárias e de todas as fontes secundárias por ano, em rupias. O total dos inquiridos foi categorizado em três categorias: baixo, médio e alto rendimento, com base na média e no desvio padrão. A variável rendimento anual foi classificada em baixo, médio e alto. O rendimento anual dos inquiridos foi classificado com a ajuda de uma escala ligeiramente modificada desenvolvida por Venkatakrishnan (1991). A categorização foi efectuada seguindo a regra geral da média ± DP.

Sl. Não.	Categoria	Intervalo de pontuação (n=200)
1.	Baixo	<50,000
2.	Médio	50,000-1,50,000
3.	Elevado	>1,50,000

7. Despesas anuais

A despesa anual de uma família pode ser operacionalizada como a despesa total de cada membro da família em várias actividades por ano, em rupias. O total de inquiridos foi classificado em três categorias, ou seja, despesas anuais baixas, médias e elevadas, com base na média e no desvio padrão. A variável despesa anual foi categorizada em baixa, média e alta. A categorização foi efectuada seguindo a regra geral da média ± DP.

Sl. Não.	Categoria	Intervalo de pontuação (n=200)
1.	Baixa	<40,000
2.	Médio	40,000-1,30,000
3.	Elevado	>1,30,000

8. Propriedade fundiária

A propriedade fundiária é considerada a posição económica de um agricultor numa comunidade rural. Foi medida pela escala desenvolvida por Supe (2007) com pequenas modificações. A propriedade fundiária é operacionalizada como a propriedade fundiária total das famílias dos inquiridos num acre. O total de inquiridos foi categorizado em três categorias, ou seja, baixa, média e alta propriedade fundiária, com base na média e no desvio padrão. A categorização foi efectuada seguindo a regra geral da média ± DP.

Sl. Não.	Categoria	Intervalo de pontuação (n=200)
1.	Baixa	<1,0acre
2.	Médio	1,0-3,0 acre
3.	Elevado	>3,0 acres

9. Posse de utensílios agrícolas

A informação relacionada com a posse de alfaias agrícolas da família do inquirido é obtida e considerada para pontuação. Foi medida pela escala desenvolvida por Hadole e Tawade,2005. A variável é medida com a escala como uma alfaia para a lavoura preparatória 1; alfaia para a intercultura 2; alfaia para a colheita, debulha e apanha 3; pulverizador 4;

Espanador 5. A variável posse de instrumentos agrícolas foi classificada em baixa (<5), média (5-11) e alta (>11).

10. Energia agrícola

A posse de potência agrícola indica a eficiência de um indivíduo no caso da gestão da empresa agrícola e pecuária. É operacionalizada com base no facto de a maquinaria agrícola ser própria ou alugada por um agregado familiar. Foi medida pela escala desenvolvida por Hadole e Tawade, 2005. A variável é medida com a escala como tendo trator, 4; tendo motocultivador, 3; usando um trator alugado, 2; usando motocultivador alugado, 1. A posse da pontuação de potência agrícola foi categorizada em baixa (<4), média (4-12) e alta (>12).

11. Posse de materiais

A informação relativa à posse de bens da família do inquirido é obtida e considerada para pontuação. Foi medida pela escala desenvolvida por Supe (2007) com pequenas modificações. A variável é medida com a escala como Ciclo motorizado 1; Ciclo 1; Rádio/TV/computador 1; Telefone/telemóvel; implementos agrícolas melhorados 2. Os materiais variáveis que possuem pontuação categorizada em baixa (<2), média (2-4) e alta (>4).

C. Extensão - variável de comunicação

12. Participação social

A participação social em qualquer organização não só indica a orientação social de uma pessoa, mas também proporciona uma oportunidade para o indivíduo ter um contacto mais amplo e uma maior influência no sistema social, o que é muito importante para obter serviços do centro de recursos ou de qualquer outra organização para o desenvolvimento socioeconómico e cultural. É o grau de envolvimento dos inquiridos em organizações locais, tais como Village panchayat, Village Cooperative Society, Self Help Group, Labour Organisation, Farmers Club, Mahila Mandal, quer como membro, classificado como 1, quer como titular de cargo, classificado como 2, e a sua participação nas actividades da organização. Foi medida numa escala contínua de três pontos, ou seja, Sempre, Ocasionalmente e Nunca, com pontuações de 2, 1 e 0, respetivamente. A escala modificada de Trivedi (1963) foi utilizada para a medição.

13. Acesso à fonte de informação

O acesso à informação sobre os diferentes parâmetros do clima, especialmente a previsão e/ou as alterações climáticas, através dos agentes de extensão ou de outras fontes, cria consciência e condições favoráveis para a adoção de práticas agrícolas adequadas às alterações climáticas (Maddison, 2006). É operacionalizado como as fontes de onde os inquiridos costumavam obter informações relacionadas com o clima. Foi elaborado um guião de entrevista semi-estruturado para medir esta variável e quantificar o número de fontes utilizadas pelos inquiridos.

O desenvolvimento agrícola depende da adoção de novas ideias e práticas que influenciam a atitude dos agricultores. Um indivíduo pode receber informação agrícola de várias fontes. Com base nas fontes de informação agrícola identificadas no sistema social, é atribuída uma pontuação de Sempre (2), Às vezes (1) e Nunca (1) a cada uma das fontes. A variável acesso a uma fonte de informação agrícola é categorizada em baixa, média e alta. A categorização foi efectuada de acordo com a regra geral da média ± DP.

Sl. Não.	Categoria	Intervalo de pontuação (n=200)
1.	Baixa	<2
2.	Médio	2 -5
3.	Elevado	>5

D. Variáveis sócio-psicológicas

14. Liderança na adoção

Refere-se à adoção de novas tecnologias para uma maior produção e um melhor nível de vida.

Foi medida através da escala desenvolvida por Nandapukar,1981 com pequenas alterações. Havia um total de cinco afirmações e foram medidas num contínuo de 3 pontos de Sempre (A), Às vezes (SM) e Nunca (N) com um peso de 2, 1 e 0 para cada afirmação. A soma das pontuações de todas as afirmações dá a pontuação total da capacidade de inovação de cada inquirido.

15. Orientação da gestão

É definida operacionalmente como o grau em que um agricultor está orientado para a gestão científica da exploração agrícola, que inclui as funções de planeamento, produção e comercialização da exploração. Esta variável é medida com a ajuda de uma escala desenvolvida por Samanta (1977). A escala era constituída por dezoito afirmações, seis das quais para a orientação para o planeamento, a produção e a comercialização. Em cada grupo, as afirmações positivas e negativas são misturadas, mantendo ao mesmo tempo mais ou menos a mesma ordem de afirmações. Cada item é fornecido com um contínuo de resposta de quatro pontos. Às afirmações positivas é atribuída uma pontuação de 4 para "concordo totalmente", 3 para "concordo", 2 para "discordo" e 1 para "discordo totalmente" e vice-versa no caso das afirmações negativas. A pontuação de cada indivíduo na escala de orientação para a gestão é obtida através da soma da pontuação atribuída a cada um dos itens incluídos.

16. Independência

É o grau em que um agricultor valoriza positivamente a independência ou a autonomia na tomada de decisões. Para medir a independência dos inquiridos, foi utilizada uma escala desenvolvida por Supe (2007) com poucas alterações. As respostas foram obtidas em continuums de cinco pontos como Concordo Fortemente (SA), Concordo (A), Indeciso (UD), Discordo (DA) e Discordo Fortemente (SDA) com um peso de 5, 4, 3, 2 e 1 para afirmações positivas e 1, 2, 3, 4 e 5 para afirmações negativas, respetivamente. Com base nas pontuações efetivamente obtidas, os inquiridos são agrupados em três categorias, como se indica a seguir, com base no intervalo de classe.

17. Capacidade de assumir riscos

É o grau em que uma pessoa está orientada para o risco e a incerteza e tem a coragem de enfrentar os problemas. Para medir a preferência pelo risco dos inquiridos, foi utilizada uma escala desenvolvida por Supe (2007) com pequenas alterações. As respostas foram obtidas em continuums de cinco pontos como Concordo fortemente (SA), Concordo (A), Indeciso (UD), Discordo (DA) e Discordo fortemente (SDA) com um peso de 5, 4, 3, 2 e 1 para afirmações positivas e 1, 2, 3, 4 e 5 para afirmações negativas, respetivamente. Com base nas pontuações efetivamente obtidas, os inquiridos são agrupados em três categorias, como se indica a seguir, com base no intervalo de classe.

18. Inovação

A inovatividade foi operacionalizada como a orientação sócio-psicológica de um indivíduo para se ligar ou estar intimamente associado à mudança, adoptando ideias e práticas inovadoras. A escala modificada de Prasad (1983) foi utilizada para medir a capacidade de inovação. A escala é constituída por sete afirmações. A resposta foi obtida numa escala contínua de três pontos, nomeadamente "Sim", "Indeciso" e "Não", com um padrão de pontuação de 2, 1 e 0, respetivamente. A pontuação total indicava o carácter inovador do inquirido. Por definição, a pontuação máxima possível era 14 e a mínima possível era 0.

19. Motivação económica

Refere-se ao sucesso profissional em termos de maximização do lucro e aos valores relativos atribuídos pelos inquiridos aos fins económicos. Foi utilizada uma escala desenvolvida por Supe (2007), com pequenas alterações, para medir a motivação económica dos inquiridos. Havia um total de seis afirmações e foram medidas num continuum de 5 pontos de Concordo Fortemente (SA), Concordo (A), Indeciso (UD), Discordo (DA) e Discordo Fortemente (SDA) com ponderação de 5, 4, 3, 2 e 1 para afirmações positivas e 1, 2, 3, 4 e 5 para afirmações negativas, respetivamente. A soma das pontuações de todas as afirmações dá a pontuação total da orientação económica de cada inquirido. Os inquiridos são classificados em baixo, médio e alto com base na média e no desvio padrão. A variável motivação económica foi classificada em baixa, média e alta.

20. Orientação científica

Refere-se ao grau em que um inquirido está orientado para a utilização de métodos científicos na tomada de decisões. Foi utilizada uma escala desenvolvida por Supe (2007), com poucas alterações, para medir a orientação científica dos inquiridos. As respostas foram recolhidas numa escala contínua de cinco pontos com seis afirmações. A pontuação total obtida por um inquirido constituía a pontuação da orientação científica dos inquiridos. As respostas foram obtidas numa escala contínua de cinco pontos: Concordo fortemente (SA), Concordo (A), Indeciso (UD), Discordo (DA) e Discordo fortemente (SDA), com um peso de 5, 4, 3, 2 e 1 para as afirmações positivas e 1, 2, 3, 4 e 5 para as afirmações negativas, respetivamente. A soma das pontuações de todas as afirmações dá a pontuação total da orientação científica de cada inquirido. A variável orientação científica foi categorizada em baixa, média e alta com base na média e no desvio-padrão.

Variável dependente

1. Segurança alimentar afetada pelas alterações climáticas

O calendário estruturado foi desenvolvido abrangendo um aspeto diferente da segurança alimentar utilizando a Escala de Acesso à Insegurança Alimentar (HFIAS) descrita por Coates et al.,2007 com modificações. A escala foi validada por vários peritos, enviando-a através do formulário do Google. As escalas foram desenvolvidas utilizando o método de classificação somada para a medição da segurança alimentar afetada devido às alterações climáticas na agricultura. A sua fiabilidade foi verificada com o método split-half, enquanto a validade de conteúdo foi realizada através da opinião do júri. No desenvolvimento da escala, seguiu-se o método de classificação somada sugerido por Likert (1932). Os diferentes aspectos da segurança alimentar das famílias, como a disponibilidade de alimentos, o acesso aos alimentos, a utilização dos alimentos e a estabilidade alimentar, são medidos para calcular a variável segurança alimentar afetada pelas alterações climáticas.

2. Vulnerabilidade às alterações climáticas na agricultura

O Painel Intergovernamental sobre as Alterações Climáticas (IPCC) definiu a vulnerabilidade relacionada com o clima como uma função da exposição, da sensibilidade e da capacidade de adaptação às alterações climáticas. A exposição é definida pela magnitude, carácter e ritmo das alterações climáticas numa determinada área geográfica. A sensibilidade do sector às alterações climáticas é o grau em que uma comunidade é afetada de forma negativa ou benéfica por estímulos relacionados com o clima. A capacidade de adaptação de uma comunidade é a sua capacidade de se ajustar às alterações climáticas, de moderar ou de fazer face aos seus impactes.

O índice de vulnerabilidade agrícola relacionado com as alterações climáticas foi formulado com base em três componentes: *exposição, sensibilidade e capacidade de adaptação*. Estas três componentes integrais do índice de vulnerabilidade foram calculadas separadamente com base em indicadores de substituição de cada uma delas, com igual ponderação. A fim de os tornar comparáveis, a normalização foi efectuada com a seguinte fórmula

$$In = (I - Imin) / (Imax - Imin)$$

Em que In é o valor padronizado do indicador e I é o valor não padronizado. $Imax$ é o valor máximo do indicador e $Imin$ é o valor mínimo do indicador. A média simples dos indicadores normalizados serve para calcular o valor de cada um dos componentes.

$$C = \text{Média } (In)$$

A vulnerabilidade (V) de cada componente relacionada com o clima no sector agrícola é calculada da seguinte forma

V = (Exposição - Capacidade de adaptação) x Sensibilidade

Este valor é novamente normalizado para obter o índice de vulnerabilidade (VI), pelo que a escala utilizada é de 01, indicando o nível de vulnerabilidade mais baixo (0) para o nível de vulnerabilidade mais elevado (1).

Exposição

É visto como um risco que tem a probabilidade de ter impacto nos bens e nos meios de subsistência e é medido pela frequência e gravidade das catástrofes naturais nos últimos 10 anos, com base na perceção dos inquiridos; e a variabilidade dos parâmetros climáticos nos últimos 10 anos ou mais (o desvio padrão foi calculado mensalmente). A variabilidade dos parâmetros climáticos, nomeadamente a temperatura mínima mensal média, a temperatura máxima mensal média e a precipitação mensal média nos últimos 10 anos ou mais, foi representada pelo desvio padrão destes indicadores nos últimos 10 anos ou mais.

Sensibilidade

É a suscetibilidade dos bens e das condições do agregado familiar a riscos anteriores. Foram tidos em consideração os bens e as condições do agregado familiar que podem ser diretamente afectados pelos extremos climáticos, como a natureza da habitação, o saneamento, as instalações de água potável e o acesso aos alimentos.

A sensibilidade cria um sentimento de impacto negativo, mas o presente estudo, segundo o conceito do IPCC,2007, mediu as variáveis contribuintes com uma escala positivamente direcional; ou seja, quanto maior o valor da escala, menor a sensibilidade.

A percentagem de famílias que praticam o cultivo de arroz de sequeiro, a percentagem de famílias que têm uma casa de pucca, a percentagem de famílias que têm instalações sanitárias, a percentagem de famílias que têm água potável, a percentagem de famílias que têm uma mudança no rendimento das colheitas, a percentagem de famílias que têm mais infestação de pragas e doenças e a percentagem de famílias que foram infectadas por uma doença transmissível nos últimos 6 meses foram as variáveis indicadoras de sensibilidade.

Capacidade de adaptação

A capacidade de adaptação é a capacidade e a situação da comunidade que, direta ou indiretamente, resiste aos riscos ou cria resiliência aos riscos. É representada pelos valores agregados de acesso a créditos, acesso a subsídios de insumos, acesso a organização social, propriedade de terras cultivadas e celeiro, acesso a fogão, utilização de estrutura de recolha de águas pluviais, prática de rotação e diversificação de culturas, acesso a informação sobre alterações climáticas, utilização de variedades tolerantes a secas/inundações, aplicação de doses limitadas de fertilizantes, boa ligação com pessoal de extensão, acesso a uma clínica veterinária, propriedade de energia eléctrica agrícola melhorada, participação em programas de demonstração ou formação, utilização de seguros de colheitas e de gado.

O presente estudo utilizou uma abordagem de medição da vulnerabilidade baseada em índices, que requer o desenvolvimento de índices com a ajuda de muitos subíndices e variáveis. Este método requer o processamento de dados. As diferentes variáveis foram medidas com diferentes tipos de escalas (em percentagem, números ou pontuações). Assim, os valores das diferentes escalas foram transformados em valores unitários (de 1 escala), sempre que necessário, através da seguinte fórmula:

$$\text{Valor transformado} = \frac{\text{Valor obtido - Valor mínimo da escala}}{\text{Valor máximo da escala - Valor mínimo da escala}}$$

Assim, o valor transformado situar-se-á entre 0 e 1.

O valor da exposição, da sensibilidade e da capacidade de adaptação foi considerado como a média dos valores transformados de todas as variáveis indicadoras em cada componente.

A vulnerabilidade foi calculada pelo Índice de Vulnerabilidade dos Meios de Subsistência (VI). O Índice de Vulnerabilidade foi medido como:

VI = (E-AC) x S

Em que E = Exposição; AC = Capacidade de adaptação e S = Sensibilidade.

O valor de VI varia de -1 (menos vulnerável) a +1 (mais vulnerável) e é agrupado como Sustentável (VI varia de 1 a 0,34), Subsistência ((VI varia de 0,33 a 0,33) e Vulnerável ((VI varia de 0,34 a 1).

Tabela 4.1: Variáveis seleccionadas para o presente estudo e respectiva medição empírica

Sl. Não.	Variáveis	Medição
Variáveis independentes		
Variável sócio-pessoal		
1.	Idade	A idade cronológica foi considerada
2.	Estatuto académico	A escala desenvolvida por Supe (2007)
3.	Experiência agrícola	Foi elaborado um calendário estruturado
4.	Educação familiar	A escala modificada de Bhairamkar, 2009
5.	Tamanho da família	A escala modificada de Venkataramaiah (1983)
Variável socioeconómica		
6.	Rendimento anual	A escala modificada de Venkatakrishnan (1991)
7.	Despesas anuais	Foi elaborado um calendário estruturado
8.	Propriedade fundiária	A escala desenvolvida por Supe (2007)
9.	Complementos agrícolas posse	A escala modificada de Hadole e Tawade, 2005
10.	Posse de energia na exploração agrícola	A escala modificada de Hadole e Tawade, 2005
11.	Posse de materiais	A escala desenvolvida por Supe (2007)
Variável de extensão-comunicação		
12.	Participação social	A escala modificada de Trivedi (1963)
13.	Acesso a uma fonte de informação	A escala modificada de Sawant (1991)
Variáveis sócio-psicológicas		
14.	Liderança na adoção	A escala modificada de Nandapukar,1981
15.	Orientação científica	A escala modificada de Supe, 2007
16.	Independência	A escala modificada de Supe,2007
17.	Capacidade de assumir riscos	A escala modificada de Supe,2007
18.	Inovação	A escala modificada de Prasad (1983)
19.	Motivação económica	A escala modificada de Supe,2007
20.	Orientação da gestão	A escala modificada de Samanta,1977
Variáveis dependentes		
1.	A segurança alimentar é afetada pelas alterações climáticas.	O calendário estruturado foi desenvolvido e medido utilizando a Escala de Acesso à Insegurança Alimentar (HFIAS) descrita por Coates et al.,2007 com modificações.
2.	Vulnerabilidade às alterações climáticas na agricultura	A escala ligeiramente modificada foi desenvolvida por Hahn, Micah B., Anne M.

		Riederer e Stanley O. Foster (2009).

4.6 Método de recolha de dados

4.6.1 Construção do programa após o pré-teste:

O projeto de calendário para a recolha de dados, incorporando os instrumentos e as técnicas das variáveis, foi preparado de acordo com os pareceres dos peritos. O programa de entrevistas finalizado foi pré-testado para eliminação, adição e alteração com inquiridos não pertencentes à amostra da área de estudo. No pré-teste, houve o cuidado de não incluir os inquiridos que foram seleccionados como amostras para a entrevista final. Com base nas experiências do pré-teste, foram feitas alterações adequadas na construção do item e na sua sequência. O guião da entrevista foi então finalizado e foi concebido e desenvolvido um guião em linha com a ajuda do formulário Google. O formulário final do guião da entrevista é apresentado em anexo.

4.6.2 Recolha de dados no terreno:

Os dados foram recolhidos de 200 inquiridos entre junho de 2019 e dezembro de 2019 através de um calendário de entrevistas estruturado pré-testado, concebido e desenvolvido para medir a vulnerabilidade às alterações climáticas na agricultura, a segurança alimentar afetada pelas alterações climáticas e as estratégias de extensão adotadas pelos produtores agrícolas devido às alterações climáticas. Os dados foram recolhidos através do método de entrevista pessoal. A entrevista foi efectuada pelo próprio investigador com a ajuda do pessoal da extensão local.

4.7 Ferramentas estatísticas utilizadas para a análise dos dados

O papel da estatística na investigação é funcionar como um instrumento para conceber a investigação, analisar os seus dados e tirar conclusões a partir daí. As medidas estatísticas importantes que são utilizadas para analisar os dados do inquérito ou da investigação são a frequência, a percentagem, a amplitude, a média, o desvio-padrão, o coeficiente de variação, o coeficiente de correlação, a regressão múltipla, a análise fatorial, o método do quociente baseado na classificação e o qui-quadrado.

4.7.1 Frequência

A frequência é a medida estatística para representar o número de inquiridos numa determinada categoria.

4.7.2 Percentagem

A percentagem é utilizada para comparações simples. Para o seu cálculo, a frequência de uma determinada célula é dividida pela frequência total e multiplicada por 100.

4.7.3 Gama

O intervalo é a medida estatística para representar a pontuação mínima e máxima de uma categoria. O mesmo pode ser representado como o mínimo máximo.

4.7.4 Média

Uma medida de tendência central (ou média estatística) indica-nos o ponto em que os itens tendem a agrupar-se. Esta medida é considerada o valor mais representativo de toda a massa de dados. Uma medida de tendência central é também conhecida como média estatística. A média, a mediana e a moda são as médias mais populares. A média, também conhecida como média aritmética, é a medida de tendência central mais comum e pode ser definida como o valor que obtemos dividindo o total dos valores de vários itens de uma série pelo número total de itens. Podemos calculá-la da seguinte forma:

$$\text{Média ou } (X) = X_1 + X_2 + \ldots + X_n$$

Onde, X = o símbolo que usamos para a média (pronunciado como X bar)
Xj = valor do I° item X, I = 1,2, , n
N = Número total de itens

4.7.5 Desvio-padrão

O desvio-padrão é a medida mais utilizada para medir a dispersão de uma série e é normalmente designado pelo símbolo "o" (pronunciado como sigma). O desvio-padrão é definido como a raiz quadrada da média dos quadrados dos desvios quando esses desvios para os valores de itens individuais de uma série são obtidos a partir da média aritmética. O cálculo é efectuado da seguinte forma

Desvio padrão

$$\text{Standard deviation } (\sigma) = \sqrt{\frac{\Sigma(X_i - \overline{X})^2}{N}}$$

4.7.6 Coeficiente de variação:

Quando dividimos o desvio padrão pela média aritmética da série, a quantidade resultante é conhecida como coeficiente de desvio padrão, que é uma medida relativa e é frequentemente utilizada para comparação com medidas semelhantes de outras séries. Quando este coeficiente de desvio-padrão é multiplicado por 100, o valor resultante é conhecido como coeficiente de variação. Por vezes, calcula-se o quadrado do desvio-padrão, conhecido como variância, que é frequentemente utilizado no contexto da análise de variância.

Coeficiente de variação=SD/MédiaX100

4.7.7 Coeficiente de correlação:

O coeficiente de correlação do movimento do produto de Karl Pearson (coeficiente de correlação simples) foi utilizado para avaliar a relação entre as variáveis dependentes e independentes. O coeficiente de correlação foi calculado utilizando a seguinte fórmula.

$$r = \frac{(\Sigma xy)-(\Sigma x)\,(\Sigma y)}{\sqrt{(n\Sigma x^2 - (\Sigma x)^2\,(n\Sigma y)^2-(\Sigma y)^2)}}$$

Where,

r = Simple correlation coefficient
Σx = Sum of x values
Σy = Sum of y values
Σx^2 = Sum of square of x value
Σy^2 = Sum of square of y value
$(\Sigma y)^2$ = Square of sum of y value
Σxy = Sum of xy values
n = Number of pair of observation

4.7.8 Análise de regressão

A regressão é a determinação de uma relação estatística entre duas ou mais variáveis. Na regressão simples, temos apenas duas variáveis, uma variável (definida como independente) é a causa do comportamento de outra (definida como variável dependente). A regressão só pode interpretar o que existe fisicamente, ou seja, tem de haver uma forma física pela qual a variável independente X pode afetar a variável dependente Y. A relação básica entre X e Y é dada por

$$Y^{\wedge}=a+bX$$

Onde o símbolo Y^A indica o valor estimado de Y para um determinado valor de X. Esta equação é conhecida como a equação de regressão de Y em X (também representa a linha de regressão de Y em X quando desenhada num gráfico), que é positiva para relações directas e negativa para relações inversas.

Assim, a análise de regressão é um método estatístico para lidar com a formulação de um modelo matemático que descreve as relações entre variáveis, que pode ser utilizado para a previsão dos valores da variável dependente, dados os valores da variável independente.

4.7.9 Correlação e Regressão Múltiplas

Quando existem duas ou mais variáveis independentes, a análise da relação é conhecida como correlações múltiplas e a equação que descreve essa relação é a equação de regressão múltipla. Explicamos aqui as correlações múltiplas e a regressão tomando apenas duas variáveis independentes e uma variável dependente (existem programas informáticos convenientes para lidar com um grande número de variáveis). Nesta situação, os resultados são interpretados da seguinte forma:

A equação de regressão múltipla assume a forma $Y = a + b1X1 + b2X2$

Em que X1 e X2 são duas variáveis independentes e Y é a variável dependente, e as constantes a, b1 e b2 podem ser resolvidas através da resolução das três equações normais seguintes:

$$\sum Y_i = na + b_1 \sum X_{1i} + b_2 \sum X_{2i}$$

$$\sum X_{1i} Y_i = a\square X_{1i} + b1 \sum X^2_{1i} + b2 \sum X_{1i} X_{2i}$$

$$\sum X_{2i} Y_i = a\sum X_{2i} + b_1 \sum X_{1i} X_{2i} + b_2 \sum X^2_{2i}$$

Em estatística, a regressão passo a passo é um método de ajuste de modelos de regressão em que a escolha de variáveis preditivas é efectuada por um procedimento automático. Em cada passo, uma variável é considerada para adição ou subtração do conjunto de variáveis explicativas com base num critério especificado. Normalmente, isto assume a forma de uma sequência de testes F ou testes t, mas são possíveis outras técnicas, como o R ajustado[2].

4.7.10 Análise fatorial

A análise fatorial é, de longe, a técnica multivariada mais frequentemente utilizada nos estudos de investigação, especialmente nas ciências sociais e comportamentais. É uma técnica aplicável quando existe uma interdependência sistemática para descobrir algo mais fundamental ou latente que cria esta semelhança. Por exemplo, podemos ter dados, digamos, sobre o rendimento, a educação, a ocupação e a área de habitação de um indivíduo e querer inferir a partir destes alguns factores (como a classe social), que resumem a semelhança de todas as quatro variáveis referidas. A técnica utilizada para este fim é geralmente descrita como análise fatorial. A análise fatorial procura, assim, resolver um grande conjunto de variáveis medidas em termos de um número relativamente reduzido de categorias, designadas por factores. Esta técnica permite ao investigador agrupar as variáveis em factores (com base na correlação entre as variáveis) e o fator de modo a que cada observação ou variável seja medida para obter o que se designa por cargas factoriais. Estas cargas factoriais representam a correlação entre as variáveis particulares e o fator, e são geralmente colocadas numa matriz de correlações entre a variável e os factores derivados podem ser tratadas como novas variáveis (frequentemente designadas como variáveis latentes) e o seu valor derivado pela soma dos valores das variáveis originais que foram agrupadas no fator. O significado e o nome dessa nova variável são subjetivamente determinados pelo investigador. Uma vez que os factores são combinações lineares de dados, as coordenadas de cada observação ou variável são medidas para obter o que se designa por cargas factoriais. Estas cargas factoriais representam a correlação entre as variáveis particulares e o fator, e são geralmente colocadas numa matriz de correlações entre a variável e os factores.

4.7.11 Quociente baseado na classificação (RBQ)

Os dados obtidos dos inquiridos relativamente aos problemas enfrentados no que respeita às (TIC) foram quantificados em termos do número de inquiridos que atribuíram uma determinada classificação. As classificações atribuídas aos diferentes problemas e a frequência dos inquiridos que atribuíram classificações podem ser utilizadas para o cálculo do quociente baseado na classificação (RBQ). As fórmulas para o cálculo do RBQ são as seguintes

$$RBQ = \frac{\sum_{i=1}^{n}(Fi)(n+1-i)}{Nn} \times 100$$

Where,
Fi = Frequency of respondents for i^{th} rank
N = Number of respondents
n = Number of Ranks
$\sum_{i=1}^{n}$ = It directs to sum multiple factors
$\sum_{i=1}^{n}(Fi)(n+1-i) = F_1 \times n + F_2 \times n\text{-}1 + F_3 \times n\text{-}2 \ldots\ldots\ldots\ldots\ldots F_n \times 1$

4.7.12 Qui-quadrado (χ^2) teste

Uma estatística de qui-quadrado (χ^2) é um teste que mede a forma como um modelo se compara com os dados reais observados. Os dados utilizados no cálculo de uma estatística de qui-quadrado devem ser aleatórios, brutos, mutuamente exclusivos, retirados de variáveis independentes e retirados de uma amostra suficientemente grande.

Os testes do qui-quadrado são frequentemente utilizados em testes de hipóteses. A estatística do qui-quadrado compara o tamanho de quaisquer discrepâncias entre os resultados esperados e os resultados reais, dado o tamanho da amostra e o número de variáveis na relação. Para estes testes, são utilizados graus de liberdade para determinar se uma determinada hipótese nula pode ser rejeitada com base no número total de variáveis e amostras na experiência. Como em qualquer estatística, quanto maior for o tamanho da amostra, mais fiáveis serão os resultados

A fórmula do qui-quadrado é

$$\chi_c^2 = \sum (O_i - E_i)^2 / E_i$$

Onde,
c =Graus de liberdade, O=Valor(es) observado(s) e E=Valor(es) esperado(s)

CAPÍTULO-5

INVESTIGAÇÃO

DEFINIÇÃO

Este capítulo tem por objetivo fazer uma breve descrição da zona onde foi realizado o presente estudo. Este estudo foi efectuado nos distritos de Cooch Behar, em Bengala Ocidental. O contexto deste estudo procurou desenhar em termos de aspectos sociais, económicos e agrícolas de áreas *como o* bloco, o distrito e a terra.

5.1 Descrição do Estado (Bengala Ocidental)

Bengala Ocidental é um dos 29 Estados da Índia. Geograficamente, o Estado está situado entre 21038' e 27010' de longitude norte e 85050' e 89050' de latitude leste. O Trópico de Câncer atravessa o país nos distritos de Burdwan, Bankura, Nadia e Purulia. A Bengala Ocidental faz fronteira com o Nepal a norte, Assam a nordeste, a República do Bangladesh a leste, a Baía de Bengala a sul, Orissa a sudeste e Jharkhand a nordeste. A área total do Estado é de 88 752 km2.

De acordo com o censo de 2011, a sua população é de 91 276 115 habitantes, dos quais 46 809 027 homens e 44 467 088 mulheres, respetivamente. A densidade populacional de Bengala Ocidental é de 1 028 habitantes por quilómetro quadrado, superior à média nacional de 382 habitantes por quilómetro quadrado. A taxa de alfabetização é de 76,26%, sendo a taxa de alfabetização masculina de 81,69% e a feminina de 66,57%.

Em Bengala Ocidental, o número de Mouza e de aldeias habitadas, de acordo com o recenseamento de 2001, é de 40 782 e 37 945, respetivamente. A área total coberta de Bengala Ocidental é de 86 87 450 ha. Para além disso, a área cultivável total é de 58,12, 686 ha e a área florestal é de 1,17,477 ha.

O estado total de Bengala Ocidental inclui 23 distritos, nomeadamente Alipurduar, Bankura, Birbhum, Cooch Behar, Dakshin Dinajpur (Dinajpur do Sul), Darjeeling, Hooghly, Howrah, Jalpaiguri, Jhargram, Kalimpong, Calcutá, Malda, Murshidabad, Nadia, North 24 Parganas, Paschim, Medinipur (Medinipur do Oeste), Paschim (Oeste), Burdwan (Bardhaman), Purba Burdwan (Bardhaman). Purba Medinipur (Medinipur Oriental), Purulia, South 24 Parganas e Uttar Dinajpur (Dinajpur do Norte).

Bengala Ocidental é um Estado predominantemente agrário. Constituído por apenas 2,7% da área geográfica da Índia, sustenta quase 8% da sua população. Existem 71,23 lakh famílias de agricultores, das quais 96% são pequenos agricultores e agricultores marginais. A dimensão média das explorações agrícolas é de apenas 0,77 ha. No entanto, o Estado é dotado de diversos recursos naturais e de condições agro-climáticas variadas que favorecem o cultivo de uma vasta gama de culturas. A superfície cultivada líquida é de 52,05 lakh ha, o que representa 68% da superfície geográfica e 92% das terras aráveis. A intensidade das culturas é de 184%. No entanto, como o Estado está situado no trópico húmido e a Baía de Bengala está próxima, tem de enfrentar frequentemente os caprichos da natureza, como inundações, ciclones, tempestades de granizo, etc. Embora o Estado tenha uma produção excedentária de arroz, produtos hortícolas e batata, existe uma enorme diferença entre as necessidades e a produção de leguminosas, oleaginosas e milho. A deterioração da saúde do solo devido ao desequilíbrio na utilização de fertilizantes químicos, a escassez de variedades melhoradas de sementes, a mecanização inadequada das explorações agrícolas, a estrutura de comercialização desorganizada, etc., são os principais desafios a enfrentar.

crescimento agrícola.

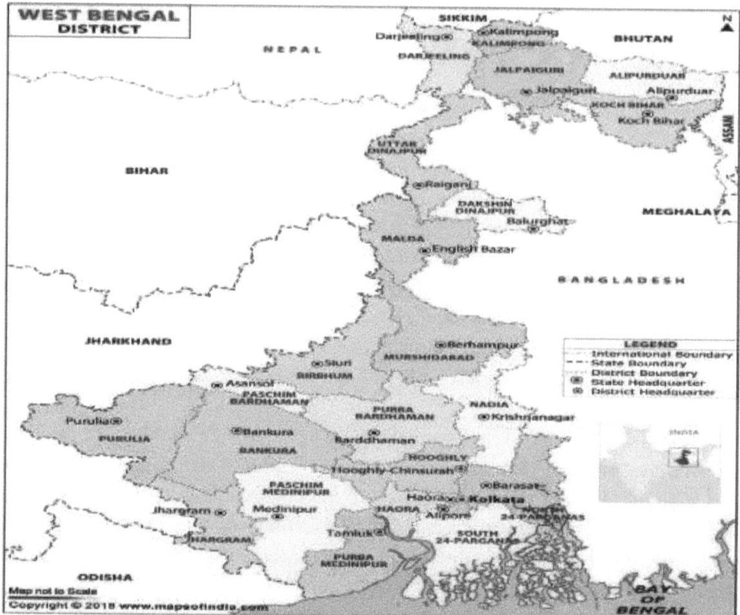

Figura 5.1: Mapa de Bengala Ocidental com a representação dos distritos

A agricultura é a principal fonte de rendimento para cerca de 70 por cento da população. A juta e o arroz são as principais culturas do Estado, juntamente com o chá, o milho, o tabaco e a cana-de-açúcar. O Governo do Estado ocupa-se das actividades relacionadas com as decisões políticas em matéria de agricultura

produção e produtividade, e sua extensão através da geração de tecnologia, transferência de tecnologia, assegurando a disponibilidade e distribuição atempada de insumos agrícolas, especialmente sementes, fertilizantes, subsídios, crédito, etc., juntamente com o serviço de apoio através da conservação do solo, conservação da água, teste de sementes, certificação de sementes, produção de planos, controlo de qualidade de fertilizantes e pesticidas, etc.

5.2 Descrição do distrito selecionado (Cooch Behar)

Ao longo do tempo, Cooch Behar passou de reino a Estado e de Estado ao atual estatuto de distrito. Antes de 28 de agosto de 1949, Cooch Behar era um Estado principesco governado pelo Marajá de Cooch Behar, que tinha sido um governante feudatário sob o governo britânico. Por acordo de 28 de agosto de 1949, o Maharaja Jagaddipendra Narayan de Cooch Behar cedeu toda a autoridade, jurisdição e poderes do Estado ao Governo do Domínio da Índia. A transferência da administração do Estado para o Governo da Índia entrou em vigor em 12 de setembro de 1949. Eventualmente, Cooch Behar foi transferido e fundido com a província de Bengala Ocidental em 19 de janeiro de 1950 e, a partir dessa data, Cooch Behar surgiu como um novo distrito no mapa administrativo de Bengala Ocidental.

É constituída por cinco subdivisões fiscais (nomeadamente, Cooch Behar Sadar, Dinhata, Mathabhanga, Mekhliganj, Tufanganj) e seis municípios (Cooch Behar, Dinhata, Mathabanga, Tufangnj, Mekhliganj, Haldibari) e os quarteirões abrangidos são Cooch Behar-I, Dinhata- I, Mathabanga-I, Tufangnj-I. O número total de alas dos seis municípios é de 78. Para além do município, os outros seis blocos são Cooch Behar-II, Dinhata-II, Setai, Mathabanga-II, Sitalkuchi e Tufangnj-II. Os doze blocos contêm 128 gram panchayats, 1190 aldeias e 1165 Moujas. O número total de agrupamentos de chá e de aldeias florestais é de 546 e 03, respetivamente. O distrito tem a sua sede em Cooch Behar.

Figura 5.2: Mapa do distrito de Cooch Behar com a demarcação dos blocos

É constituída principalmente por uma população rural. Mais de 50 por cento da sua população total pertence à comunidade SC/ST. É praticamente um caldeirão de diferentes tribos étnicas como os Rajbanshi, Rabha, Metch, Santhals, Madasia, Bodo e Toto & Oraons. A topografia do território é cortada por rios, riachos e colinas e coberta por jardins de chá e florestas. Os principais rios que atravessam o distrito são o Teesta, o Torsa, o Raidak, o Kaljani e o Gadadhar.

De acordo com o censo de 2011, o distrito de Cooch Behar tem uma população de 2.822.780 habitantes, aproximadamente igual à da Jamaica. Isto confere-lhe uma classificação de 136 na Índia (de um total de 640). O distrito tem uma densidade populacional de 833 habitantes por quilómetro quadrado (2.160/milhas quadradas). A sua taxa de crescimento populacional durante a última década (2001-2011) foi de 13,86%. Cooch Bihar tem uma relação de género de 942 mulheres por cada 1000 homens e uma taxa de alfabetização de 75,49 %. A área total de Cooch Behar é de 3, 31,566 ha.

Este distrito tem também uma rica biodiversidade, tanto em termos de flora como de fauna, e uma imensa beleza natural invejável que pode ajudar no desenvolvimento futuro deste distrito. A área agrícola do distrito é de 2530,63 quilómetros quadrados. Os produtos agrícolas dominantes do distrito de Cooch Behar são a juta e o tabaco. O arroz também pode ser cultivado antes da estação das chuvas.

As culturas mais comuns são a noz de areca, o côco e a pimenta preta. Este distrito está familiarizado com a produção de legumes e frutas durante todo o ano. O cultivo de legumes, mostarda e batata está a aumentar. Para apoiar a agricultura, foram adoptados programas especiais para a produção de girassóis, milho e amendoim. Estão a ser utilizados métodos revolucionários no cultivo de arroz Boro e de batata. Mas devido à não adoção de tecnologia moderna, um grande número de agricultores ainda depende da tecnologia tradicional. Apenas 33% da terra potencialmente cultivável está desenvolvida para irrigação.

Em *Kharif,* a área de produção de produtos hortícolas e outras culturas é muito menor. A conservação do solo é um domínio de intervenção relacionado.

O distrito de Cooch Behar tem um clima tropical húmido com uma temperatura média do ar de 24,1oC e uma precipitação média anual de 3160 mm a 3500 mm. A precipitação média anual no distrito é de 5.348,8 mm. A precipitação aumenta geralmente de sudoeste para nordeste. Cerca de 70% da precipitação anual é recebida durante a estação das monções do sudoeste, sendo junho o mês mais chuvoso. A maior parte da precipitação é drenada através da superfície da terra e corre para o rio. Todo o distrito é banhado por mais ou menos 80 a 92 rios grandes e pequenos

Uma atmosfera elevada e chuvas abundantes caracterizam o clima deste distrito, sendo a temperatura raramente excessiva. O período de junho até ao início de outubro é a estação das monções do sudoeste. De outubro a meados de novembro é a estação pós-monção. A estação fria começa de novembro a fevereiro e a estação quente de março a maio. janeiro é o mês mais frio e abril é o mês mais quente. A atmosfera é muito húmida durante todo o ano.

O solo deste distrito é uma classe textural franco-arenosa e solta, propensa à erosão do solo e com menor capacidade de retenção de água. O solo é deficiente em matéria orgânica e desprovido de argila argilosa. O solo é pouco permeável à água e a lixiviação dos nutrientes é rápida. As características do solo, juntamente com a precipitação intensa, aumentam a vulnerabilidade das terras agrícolas e de outras terras à erosão. Há problemas de deposição de areia, juntamente com detritos e pedras, devido às mudanças ocasionais dos cursos dos rios e à ocorrência de cheias todos os anos. As formas mais comuns de erosão são a erosão rápida, em lençol, em ravina, em ravina e nas margens dos cursos de água. As medidas de conservação do solo e da água são levadas a cabo pela secção de conservação do solo do Departamento de Agricultura deste distrito.

A raça ovina da região é originária do Tibete e foi trazida para as planícies de Bengala Ocidental por comerciantes. O comércio entre os comerciantes tibetanos e os comerciantes das planícies de Bengala teve lugar na região. As ovelhas, juntamente com outros artigos de comércio, eram transportadas para um local conhecido como Bhot Patti (situado no bloco de Maynaguri do distrito de Jalpaiguri).

A maior parte das trocas comerciais teve lugar num local conhecido como Rangpur, situado atualmente no Bangladesh. As mercadorias eram trocadas e as ovelhas eram também levadas para as planícies de Bengala pelos comerciantes que regressavam. Os animais eram entregues aos agricultores da região de Sunderbans para serem criados e recuperarem a sua saúde. Durante a época colonial, os europeus utilizaram as ovelhas para a sua carne. Estes preferiam o carneiro ao Chevon, pelo que a carne de ovelha era muito procurada. Uma única remessa de ovelhas foi transportada para a Austrália no final do século XVIII, quando a colónia australiana estava a ser colonizada. A remessa foi expedida do porto de Fulta, perto de Calcutá. No entanto, as ovelhas não eram preferidas pelos colonos, uma vez que o seu tamanho era pequeno e a qualidade da lã também era inferior.

O trigo é uma das culturas cerealíferas mais importantes na estação Rabi; a polpa é outra cultura importante e o distrito é marginalmente excedentário na produção de arroz.

Quadro 5.1: Perfil demográfico do distrito de Cooch Behar

Taluk /Bloquear	N.º. de aldeias	Nos. de GP	Área (sq. km)	População (de acordo com o censo de 2011)					
				Masculino	Feminino	Total	SC	ST	Alfabetizado
Cooch Behar-I	149	15	362.42	146298	138266	284564	9608234*	8860.3*	16327757*
Cooch Behar-II	119	13	362.38	154011	144152	298163	11947940*	29041.0*	10909337*
Dinhata -I	135	16	248.54	130656	123793	250336	9881439*	4690.2*	3985816*
Dinhata -II	119	12	103.30	104443	100948	205391	8232440*	8430.4*	11608057*
Haldibari	62	06	159.48	48466	45370	93836	4853552*	1910.2*	1753819*
Mathabhanga -I	102	10	314.50	96031	90652	186683	11324861	500.03*	9457757
Mathabhanga -II	93	10	313.84	96030	90652	186683	10771858*	21731.2*	11279360*
Mekhliganj	154	08	228.64	68866	63993	132859	83047663*	9490.7*	2208917*
Satai	53	05	151.25	49196	47139	96335	6914372*	00*	4306145*
Sitalkuchi	72	08	101.53	84477	79325	163802	8784654	00*	4306126*
Tufangang-I	77	14	191.68	113825	109168	222993	9211241*	1550.06*	12574156*
Tufanganj-II	55	11	257.08	85249	82179	167428	7779446*	34242*	2553615*

Indica a percentagem da população total

Quadro 5.2: População no distrito de Cooch Behar (*Censo de 2011*)

Descrição	2011	2001
População efectiva	2,819,086	2,479,155
Masculino	1,451,542	1,272,094
Feminino	1,367,544	1,207,061
Crescimento da população	13.71%	14.19%
Área Quilómetros quadrados	3,387	3,387
Densidade/km2	832	732
Proporção da população de Bengala Ocidental	3.09%	3.09%
Rácio de sexo (*por 1000*)	942	949
Rácio entre os sexos das crianças (0-6 anos)	948	964
Literacia média	74.78	66.30
Literacia masculina	80.71	75.93

Literacia feminina	68.49	56.12
População infantil total (0-6 anos)	344,645	387,130
População masculina (0-6Idade)	176,940	197,118
População feminina (0-6 anos)	167,705	190,012
Literatos	1,850,504	1,386,965
Homens alfabetizados	1,850,504	1,386,965
Mulheres alfabetizadas	821,771	570,769
Proporção de crianças (0-6Age)	12.23%	15.62%
Proporção de rapazes (0-6Age)	12.19%	15.50%
Proporção de raparigas (0-6Age)	12.26%	15.74%
O quadro 5.2 revela que a taxa de crescimento da população diminuiu		de 14,19% para 13,71%

durante a última década. No entanto, a densidade da população aumentou
consideravelmente durante este período. A percentagem de literacia foi mais elevada no
caso das mulheres do que no dos homens. Entre as crianças, o número de raparigas é
consideravelmente inferior ao dos rapazes.

Quadro 5.3: Ocupação principal dos agregados familiares no distrito de Cooch Behar

Particularidades	Masculino	Feminino	Total
Principais cultivadores	2,59,953	30,645	2,90,598
Trabalhadores principais	6,39,791	1,14,520	7,54,311
Agricultura principal Operários	1,46,740	41,660	1,88,400
Família principal Trabalhadores da indústria	16,245	12,926	29,171
Principal Outros trabalhadores	2,16,853	29,289	2,46,142
Total (A)	**12,63,337**	**1,14,520**	**5,65,911**
Trabalho Marginal /Trabalhador			
Cultivadores marginais	17,386	53,856	71,242
Trabalhadores marginais	58,759	1,53,635	2,12,394
Trabalhadores agrícolas marginais	23,464	73,562	97,026
Agregado familiar marginal Trabalhadores da indústria	1,648	8,436	10,084
MarginalOutro Trabalhadores	16,261	17,781	34,042
Total (B)	**1,17,518**	**1,53,635**	**2,12,394**
Total geral (A+B)	**13,80,85**	**2,68,155**	**7,78,305**

Quadro 5.4 Indústria no distrito de Cooch Behar

Indústrias de base agrícola	N.º de actuais
Armazenamento a frio	5
Unidade de transformação de frutos	2
Processamento de juta	2
Extração de óleo	20

As principais culturas do Estado são o arroz, o trigo, o milho, a cevada, a grama, a mostarda, a colza, a juta, a cana-de-açúcar, a batata, o tabaco, o chá, *os pimentões*, o gengibre, etc. De acordo com o relatório do censo de 2011-12, a área e a produção de **cereais** totais são 247,1 (000 ha) e 678,8 (000 toneladas), as leguminosas totais são 6,2 (000 ha) e 4,4 (000 toneladas), as oleaginosas totais são 15,0 (000 ha) e 7,5 (000 toneladas), as fibras totais são 79,4 (000 ha) e 1029,4 (000 toneladas), etc.

5.3 Clima do distrito de Cooch Behar

Figura 5.3: Variação da temperatura máxima e mínima, da humidade relativa e da precipitação no distrito de Cooch Behar (desde 2010-19 anos)

Parâmetro climático e sua variação

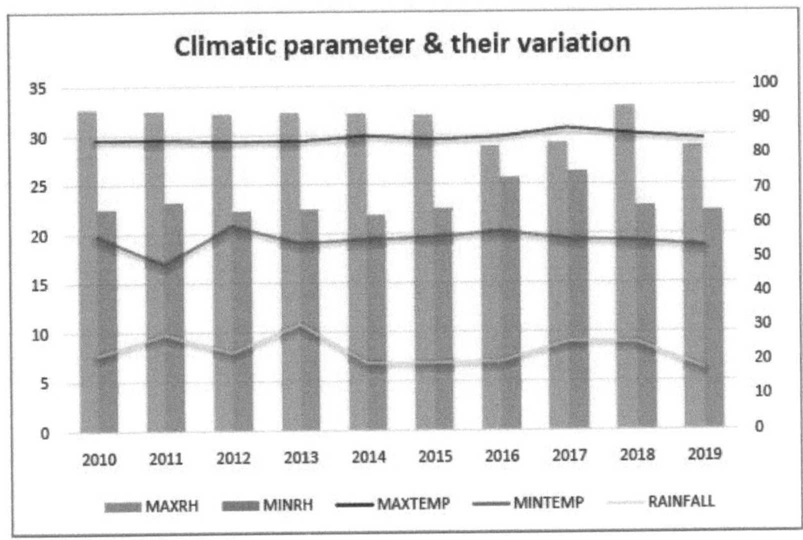

Fonte: Diretor Adjunto da Agricultura, Cooch Behar

A figura 5.3 acima mostra que a temperatura máxima média foi elevada, ou seja, 30,67°C em 2017, seguida de 30,07°C no ano de 2018. Estes 10 anos de dados também indicam que todos os anos a temperatura está a aumentar na Terra. A temperatura máxima média mais baixa, ou seja, 29,42°C, foi registada no ano de 2012.

A temperatura mínima média registada foi elevada, ou seja, 20,81°C no ano de 2012, seguida de 20,20°C no ano de 2016. Estes 10 anos de dados também indicam que todos os anos há uma variação na temperatura. A temperatura mínima média mais baixa, ou seja, 16,93°C, foi registada no ano de 2011.

Os resultados indicam que a humidade relativa máxima média foi registada em valores elevados, ou seja, 94,02 % e 93,49 % nos anos de 2018 e 2010, respetivamente. Estes 10 anos de dados também indicam que existe uma grande flutuação na humidade relativa máxima. A média mais baixa de humidade relativa máxima, ou seja, 82,31 %, foi registada no ano de 2019.

Os resultados mostram que a média mais elevada de humidade relativa mínima foi registada, o que significa 75,15% e 73,27% no ano de 2018 e 2010, respetivamente. Estes

10 anos de dados também indicam que há muita flutuação na humidade relativa mínima. A média mais baixa da humidade relativa máxima, ou seja, 62,47%, foi registada em 2014.

A figura 3.1. acima também mostra que a precipitação média mais elevada foi registada, ou seja, 10,81 mm no ano de 2013, seguida de 9,83 mm no ano de 2012. Esta tendência de dados de 10 anos mostra que o padrão de precipitação está a diminuir de ano para ano. A precipitação média mais baixa, ou seja, 6,30 mm, foi registada no ano de 2019.

Quadro 5.5: Variação dos parâmetros climáticos (mensais) de exposição à vulnerabilidade nos últimos 10 anos (desde 2010-19)

Meses	VALOR ACTUAL					VALOR TRANSFORMADO				
	Máximo. Temp	Min. Temp	Máximo. Húmido	Min. Húmido.	Queda de chuva	Máximo. Temp	Min. Temp	Máximo. Húmido	Min. Húmido.	Queda de chuva
janeiro	1.36	0.67	2.54	10.31	0.22	1.00	0.00	0.00	1.00	0.02
fevereiro	1.05	4.07	5.23	7.95	0.26	0.66	1.00	0.46	0.68	0.02
março	0.69	0.84	8.34	5.34	1.22	0.25	0.05	1.00	0.33	0.13
abril	1.09	0.92	5.80	7.37	2.28	0.70	0.07	0.56	0.61	0.24
maio	0.46	1.52	3.16	2.84	2.68	0.00	0.25	0.11	0.00	0.29
junho	0.79	2.02	2.82	3.06	8.12	0.37	0.40	0.05	0.03	0.89
julho	0.71	2.27	2.87	3.11	9.10	0.28	0.47	0.06	0.04	1.00
agosto	0.92	2.25	3.34	3.82	7.23	0.51	0.47	0.14	0.13	0.79
setembro	1.10	2.51	4.77	3.79	4.05	0.71	0.54	0.38	0.13	0.44
outubro	0.74	1.24	7.28	4.26	3.42	0.31	0.17	0.82	0.19	0.37
novembro	0.68	2.23	7.43	7.76	0.12	0.24	0.46	0.84	0.66	0.01
dezembro	1.17	2.41	7.79	8.35	0.07	0.79	0.51	0.91	0.74	0.00
Média	0.85	2.02	5.35	5.24	3.50	0.58	0.44	0.53	0.45	0.42

A Tabela 5.5 indica a variabilidade dos indicadores climáticos em relação à exposição do local de estudo. Os quadros acima mostram o valor real e os valores transformados de diferentes indicadores sob exposição relacionados com a vulnerabilidade às alterações climáticas.

5.4 Breve descrição dos blocos seleccionados

O distrito de Cooch Behar tem 12 blocos e os blocos Cooch Behar- II e Tufanganj- I foram seleccionados para o estudo. Alguns pormenores dos blocos são mencionados a seguir.

Cooch Behar II (bloco de desenvolvimento comunitário) é uma divisão administrativa na subdivisão de Cooch Behar Sadar do distrito de Cooch Behar no estado indiano de Bengala Ocidental. A esquadra de polícia de Koch Bihar serve este bloco. A sede deste bloco situa-se em Pundibari. Há uma cidade recenseada neste bloco: Khagrabari. O bloco de desenvolvimento comunitário Cooch Behar II tem uma área de 362,36 Km^2. De acordo com o Censo de 2011 da Índia, o bloco de desenvolvimento comunitário Cooch Behar II tinha uma população total de 343 901 habitantes, dos quais 289 917 eram rurais e 53 984 eram urbanos. Havia 179.591 homens e 164.310 mulheres. As Castas Registadas eram 154 656 e as Tribos Registadas eram 3 429. De acordo com o censo de 2011, o número total de alfabetizados no Bloco CD de Cooch Behar II era de 248 311, dos quais 138 097 eram homens e 110 214 eram mulheres.

Tufanganj I (bloco de desenvolvimento comunitário) é uma divisão administrativa na subdivisão de Tufanganj do distrito de Cooch Behar no estado indiano de Bengala Ocidental. A esquadra de polícia de Tufanganj serve este bloco. A sede deste bloco situa-se em Tufanganj. O bloco de desenvolvimento comunitário Tufanganj I tem uma área de 191,68 km^2 . De acordo com o Censo de 2011 da Índia, o Bloco de Desenvolvimento Comunitário de Tufanganj I tinha uma população total de 248.595 habitantes, dos quais 243.256 eram rurais e 5.339 eram urbanos. Havia 128.415 homens e 120.180 mulheres. As Castas Registadas eram 115 000 e as Tribos Registadas 378. De acordo com o censo de 2011, o número total de alfabetizados no bloco Tufanganj I CD era de 161.744, dos quais 90.476 eram homens e 71.268 eram mulheres.

5.5 Breve descrição das aldeias seleccionadas

Quatro aldeias, nomeadamente Chilakhana e Maruganj, no bloco Tufanganj -I, e Singimari Pachimpar e Pedbhata Chandanchowra, no bloco Cooch Behar - II, foram seleccionadas propositadamente para a realização deste estudo. Apresentam-se em seguida breves pormenores sobre as aldeias:

Chilakhana

De acordo com os Censos 2011, o código de localização ou código de aldeia da aldeia de Chilakhana é 308375. A aldeia de Chilakhana está situada no Tehsil de Tufanganj I do distrito de Cooch Behar, em Bengala Ocidental, Índia. Situa-se a 11,7 km da sede do subdistrito de Tufanganj e a 17 km da sede do distrito de Cooch Behar. De acordo com os relatórios de 2009, Chilkhana I é o gram panchayat da aldeia de Chilakhana.

A área geográfica total da aldeia é de 595,96 hectares. Chilakhana tem uma população total de 9.263 pessoas. Existem cerca de 2.271 casas na aldeia de Chilakhana. De acordo com os relatórios de 2019, as aldeias de Chilakhana estão sob a assembleia de Natabari e o círculo eleitoral parlamentar de Coochbehar. Tufanganj é a cidade mais próxima de Chilakhana, que fica a aproximadamente 10 km de distância. O arroz, o milho e outras leguminosas são as principais culturas da aldeia. Durante a estação das chuvas, a aldeia é afetada pelo rio *Kaljoni*, que corre nas proximidades.

Maruganj

Maruganj é uma aldeia no bloco de Tufanganj-i no distrito de Cooch Behar do estado de Bengala Ocidental, Índia e pertence à divisão de Jalpaiguri. Está situada a 24 km a leste da sede do distrito de Cooch Behar. Maruganj está rodeado pelo bloco Tufanganj-II para leste, pelo bloco Agomani para leste, pelo bloco Cooch Behar-I para oeste e pelo bloco Alipurduar-II para norte. Situa-se a 12,5 km da sede do subdistrito de Tufanganj e a 11,9 km da sede do distrito de Cooch Behar. De acordo com as estatísticas de 2009, Maruganj é o gram panchayat da aldeia de Maradanga. A área geográfica total da aldeia é de 732,45 hectares. Maradanga tem uma população total de 8 775 pessoas. As principais culturas da aldeia são o arroz, o milho e outras leguminosas. Todos os anos, a aldeia é afetada pelo rio *Kaljoni* durante a estação das chuvas.

Singimari Pachimpar

De acordo com as informações dos Censos 2011, o código de localização ou código de aldeia da aldeia de Singimari Paschimpar é 308218. A aldeia de Singimari Paschimpar está localizada no Tehsil de Cooch Behar II do distrito de Cooch Bihar em Bengala Ocidental, Índia. Situa-se a 35,4 km da sede do sub-distrito de Pundibari e a 23,8 km da sede do distrito de Cooch Behar. De acordo com os relatórios de 2009, Patlakhawa é o gram panchayat da aldeia de Singimari Paschimpar. A aldeia é maioritariamente dominada pela tribo Oraon. A principal

A área geográfica total da aldeia é de 649,57 hectares. Singimari Paschimpar tem uma população total de 4.545 pessoas. Existem cerca de 1 033 casas na aldeia de Singimari Paschimpar. Koch Bihar é a cidade mais próxima de Singimari Paschimpar, que fica a cerca de 10 km de distância.

Pedbhata Chandanchowra

De acordo com os Censos 2011, o código de localização ou código de aldeia da aldeia de Petbhatta Chandanchowra é 308268. A aldeia de Petbhatta Chandanchowra está situada no Tehsil de Cooch Behar II do distrito de Koch Bihar, em Bengala Ocidental, na Índia. Situa-se a 37,7 km da sede do subdistrito de Pundibari e a 13 km da sede do distrito de Cooch Behar. De acordo com os relatórios de 2009, Madhupur é o gram panchayat da aldeia de Petbhatta Chandanchowra.

A área geográfica total da aldeia é de 155,87 hectares. Petbhatta Chandanchowra tem uma população total de 1.614 pessoas. Existem cerca de 387 casas na aldeia de Petbhatta Chandanchowra. Cooch Behar é a cidade mais próxima de Petbhatta Chandanchowra, que fica a cerca de 10 km de distância. As principais culturas cultivadas são os pimentos, a batata, o brinjal, a cebola, a couve, o freixo, a abóbora, etc. A criação de gado, como vacas, cabras, ovelhas, etc., e de aves de capoeira é uma das actividades secundárias de geração de rendimentos.

CAPÍTULO-6

RESULTADOS E DISCUSSÃO

PARTE-A

6.1. Resultados e discussão da análise empírica

O presente estudo também identificou e analisou a busca empírica e cognitiva da vulnerabilidade à mudança climática na agricultura e da segurança alimentar afetada devido à mudança climática na agricultura através da operacionalização da exposição, sensibilidade e capacidade adaptativa dos discursos sobre a mudança climática na agricultura e a sua implicação na disponibilidade de alimentos, acessibilidade aos alimentos, utilização dos alimentos e estabilidade alimentar. Também explorou as áreas de análise relacional entre a vulnerabilidade às alterações climáticas na agricultura, a segurança alimentar afetada pelas alterações climáticas na agricultura e os diferentes atributos pessoais, sociais e económicos dos produtores agrícolas. Também identificou as intervenções estratégicas de extensão existentes e reestruturou as intervenções estratégicas de extensão para implicação política, a fim de evitar o risco climático na agricultura e garantir a segurança alimentar no distrito de Cooch Behar, em Bengala Ocidental, de acordo com os objectivos estabelecidos para o presente estudo.

A. Os atributos sócio-pessoais, sócio-económicos, de extensão-comunicação e sócio-psicológicos dos produtores agrícolas.

6.1.1 Atributos sociopessoais

6.1.1.1 Idade

Tabela 6.1: Distribuição dos inquiridos de acordo com a idade dos produtores agrícolas(x_1) n=200

Categoria	Faixa etária	Frequência	Percentagem	Estatísticas
Jovens de idade	< 40 anos	29	14.50	Gama= 26-79
Idade média	40 - 61 anos	136	68.00	Média= 51,12
Velho	> 61anos	35	17.50	DP= 10,78 CV= 21,09%

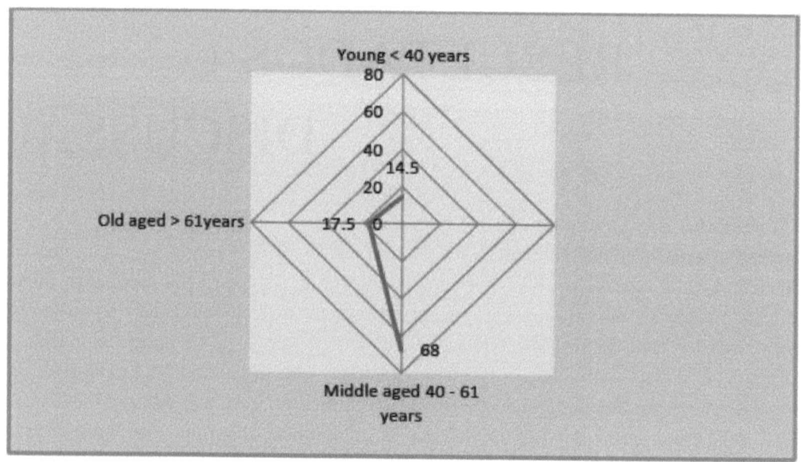

Figura 6.1: Representação diagramática dos inquiridos de acordo com a idade dos produtores agrícolas (x₁) em percentagem

A Tabela 6.1 apresenta a distribuição dos inquiridos de acordo com a idade dos produtores agrícolas. Entre o total de inquiridos, a maioria pertence ao grupo etário dos 40-61 anos, designado por meia-idade (68,00%), seguido do grupo etário com menos de 40 anos, designado por grupo dos jovens (14,50%), e do grupo etário com mais de 61 anos, designado por grupo dos idosos (17,50%). A distribuição dos inquiridos é de 26-79 anos, com uma idade média de 51,12 anos e um desvio padrão de 10,78. O coeficiente de variação da distribuição total é de 21,09%, o que implica um elevado nível de consistência da distribuição. A singularidade da idade da comunidade agrícola na área de estudo foi constatada e a comunidade agrícola na área de estudo encontra-se maioritariamente no grupo de meia-idade, o que mostra os extremos da vulnerabilidade às alterações climáticas na agricultura no grupo de produtores agrícolas de meia-idade.

6.1.1.2 Estatuto académico

Quadro 6.2: Distribuição dos inquiridos de acordo com o grau de instrução dos produtores agrícolas (X_2) n=200

Category	Score	Frequency	Percentage	Statistics
Analfabeto	1	44	22.00	Faixa= 1-7
Só pode ler	2	13	6.50	Média= 3.59
Sabe ler e escrever	3	29	14.50	DP= 1,78
Primário	4	41	20.50	CV= 49,58%
Médio	5	52	26.00	
Ensino secundário	6	11	5.50	
Licenciado	7	10	5.00	

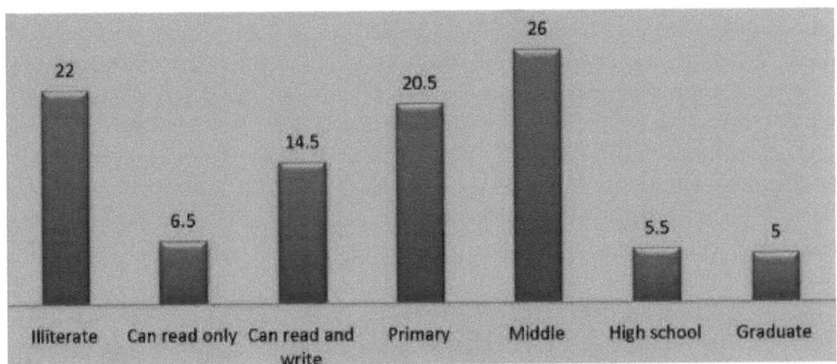

Fig. 6.2: Representação esquemática dos inquiridos de acordo com o grau de instrução dos produtores agrícolas^) em percentagem

A Tabela 6.2 apresenta a distribuição dos inquiridos de acordo com o nível de escolaridade dos agricultores. Entre o total dos **inquiridos**, a maioria é analfabeta (22,00%) e passou o ensino médio (26,50%), seguido de estudos até o nível primário (20,50%). Apenas 5,0% dos **inquiridos** são licenciados. A distribuição dos inquiridos varia entre 1 e 7, com um nível de escolaridade médio de 3,59 e um desvio padrão de 1,78. O coeficiente de variação da distribuição total é de 49,58%, o que implica um nível médio de consistência. A informação permite concluir que os inquiridos pertencem a níveis de educação extremos. Isto mostra que a perceção dos inquiridos sobre a vulnerabilidade às alterações climáticas na agricultura também pode variar consoante o grau de instrução.

6.1.1.3 Experiência agrícola

Quadro 6.3: Distribuição dos inquiridos de acordo com a sua experiência agrícola^) =200

Categoria	Experiência agrícola	Frequência	Percentagem	Estatísticas
Baixa	<19 anos	28	14.00	Gama=5-59
Médio	19 - 40 anos	136	68.00	Média= 30,19
Elevado	>40 anos	36	18.00	DP= 10,84
				CV=35,90 %

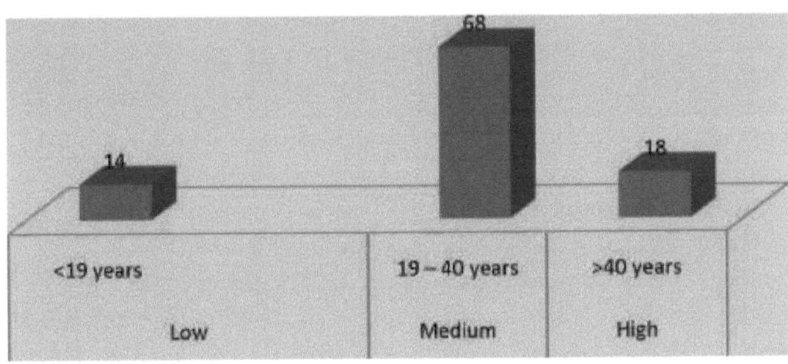

Fig. 6.3: Representação esquemática dos inquiridos segundo a sua experiência agrícola (x3) em percentagem

A Tabela 6.3 apresenta a distribuição dos inquiridos de acordo com a sua experiência agrícola. Entre o total de inquiridos, a maioria possui **19-40** anos, o que significa um nível médio de **experiência agrícola** (68,00%), seguido de mais de 40 anos de experiência agrícola, o que significa um nível elevado de experiência agrícola (18,00%) e menos de 19 anos, o que significa um nível baixo de experiência agrícola (14,00%). A distribuição dos inquiridos variou entre 5 e 59 anos de **experiência** agrícola, com uma média de experiência agrícola de 30,19 anos e um desvio padrão de 10,84. O coeficiente de variação da distribuição total é de 35,90 %, o que implica um nível médio de consistência. Observa-se que a experiência dos agricultores na agricultura é de nível médio, com grande entusiasmo e energia para lidar com os discursos **sobre as** alterações climáticas na agricultura.

1.1.1.4. Família Estatuto educacional

Tabela 6.4: Distribuição dos inquiridos de acordo com o seu estatuto de educação familiar (X_4) n=200

Categoria	Educação familiar	Frequência	Percentagem	Estatística Pontuação
Baixo	<3	31	15.50	Gama=1-6
Médio	3 -5	130	65.00	Média= 3,64
Elevado	1 >5	39	19.50	DP= 1,08
				CV=29,67%

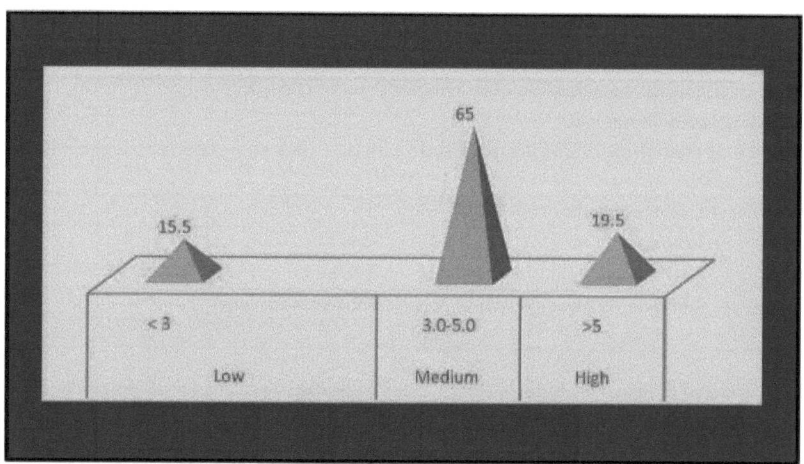

Fig. 6.4: Representação diagramática dos inquiridos segundo a sua família

grau de instrução(x_4) em percentagem

A Tabela 6.4 apresenta a distribuição dos inquiridos de acordo com o seu nível de educação familiar. Entre o total de **inquiridos**, a maioria pertence ao grupo dos 3-5 anos de escolaridade familiar, o que significa um nível médio de escolaridade familiar (65,00%), seguido de um número superior a 5 anos de escolaridade familiar, o que significa um nível elevado de escolaridade familiar (19,50%), e de um número inferior a 3 anos de escolaridade familiar, o que significa um nível baixo de escolaridade familiar (15,50%). A distribuição dos inquiridos **varia** entre 1 e 6 pontos de escolaridade familiar, com um valor médio de 3,64 e um desvio-padrão de 1,**08**. O coeficiente de variação da distribuição total é de 29,67%, o que implica um elevado nível de consistência. A inovação tem sempre início na unidade social, nomeadamente a família. O nível de instrução da família reflecte o desenvolvimento dos conhecimentos e o quociente de perceção dos membros da família em caso de explicação de qualquer calamidade natural. No presente estudo, o nível médio de escolaridade pode revelar-se digno de representar os extremos da vulnerabilidade às alterações climáticas na agricultura.

1.1.1.5. Tamanho da família

Quadro 6.5: Distribuição dos inquiridos de acordo com a dimensão da família (X_5)

n=200

Categoria	Tamanho da família	Frequência	Percentagem	Estatísticas
Pequeno	<3 membros	12	6.00	Gama=2-8
Médio	3-5 membros	171	85.50	Média= 3,91
Grande	>5 membros	17	8.50	DP= 1,11
				CV=28,43%

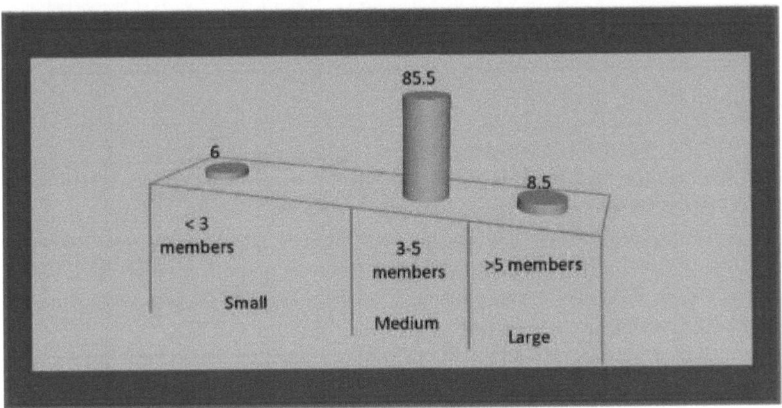

Fig. 6.5: Representação diagramática dos inquiridos segundo a sua

dimensão da família(x_5) em percentagem

A Tabela 6.5 apresenta a distribuição dos inquiridos de acordo com o tamanho da família. Entre o total dos inquiridos, a maioria pertence a uma família composta por 3-5 membros, o que significa uma família média (85,50%), seguida de uma família com mais de 5 membros, o que significa uma família grande (8,50%), e de uma família com menos de 3 membros, o que significa uma família pequena (6,00%). A distribuição dos inquiridos varia entre uma família de 2 a 8 membros, com uma média de 4,0 membros e um desvio padrão de 1,11. O coeficiente de variação da distribuição total é de 28,43%, o que implica um elevado nível de consistência. O inquirido que pertence a 3-5 membros é a família nuclear padrão com menos conflitos e mais interação. Prevê-se que a expressão perceptiva dos inquiridos da família de 3-5 membros **possa** ajudar a descrever adequadamente os extremos da vulnerabilidade às alterações climáticas na agricultura.

6.1.2. Atributos socioeconómicos

6.1.2.1. Rendimento anual

Quadro 6.6: Distribuição dos inquiridos de acordo com o seu rendimento anual (x6)
n=200

Categoria	Rendimento anual (Rs. em 10000)	Frequência	Percentagem	Estatísticas
Baixo	<5	10	5.00	**Gama**= 4-27
Médio	5-15	158	79.00	Média=10,18
Elevado	>15	32	16.00	DP= 5,57
CV= 54,72%				

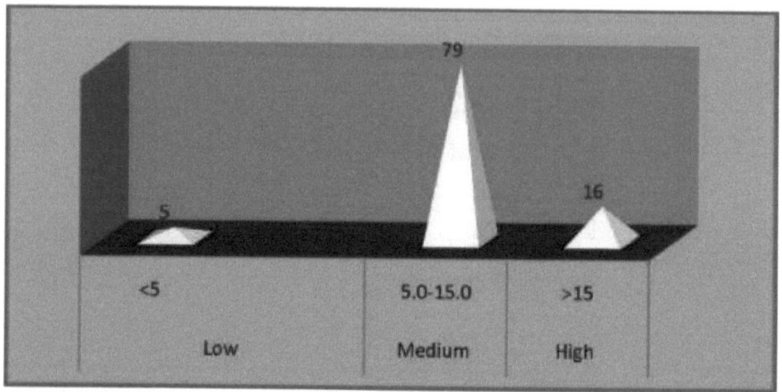

Fig.6.6: Representação diagramática dos inquiridos de acordo com o seu rendimento anual (x6) em percentagem

A Tabela 6.6 apresenta a distribuição dos inquiridos de acordo com o seu rendimento anual. Entre o total de inquiridos, a maioria pertence ao grupo Rs.50.000-Rs.1.50.000, o que significa um rendimento anual médio (79,00%), seguido de um rendimento anual superior a Rs.1.50.000, o que significa

rendimento anual elevado (16,**00%**). A distribuição dos inquiridos é de 4-27, com um valor médio de 10,18 e um **desvio** padrão de 5,57. O coeficiente de variação da distribuição total é de 54,72%, o que implica um nível médio de consistência. O rendimento anual representa sempre o estatuto socioeconómico da família e, por vezes, também reflecte a exposição através da qual um agricultor pode desenvolver a sua perceção interna sobre um determinado assunto. Espera-se que o rendimento anual familiar de nível médio possa influenciar os agricultores a desenvolverem a sua capacidade perceptiva para representar os extremos da vulnerabilidade às **alterações** climáticas na agricultura.

6.1.2.2.   Despesas anuais

Tabela 6.7: Distribuição dos inquiridos de acordo com as suas despesas anuais^?)
n=200

Categoria	Despesas anuais (Rs. em 10000)	Frequência	Percentagem	Estatísticas
Baixo	<4	2	1.00	Gama= 4-20
Médio	4-13	158	79.00	Média=8,73
Elevado	>13	40	20.00	DP= 4,41
				CV=50,52%

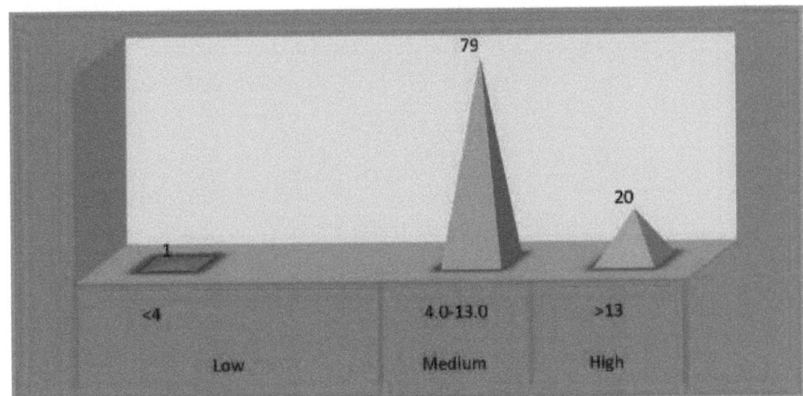

Fig.6.7: Representação diagramática dos inquiridos de acordo com as suas despesas anuais (x7) em percentagem

A Tabela 6.7 apresenta a distribuição dos inquiridos de acordo com a despesa anual. Entre o total dos inquiridos, a maioria pertence ao grupo Rs.40,000 -Rs.1,30,000, o que significa A distribuição dos inquiridos é de 3,520 com um valor médio de 8,73 e um desvio padrão de 4,41. A distribuição dos inquiridos é de 3,520 com um valor médio de 8,73 e um desvio padrão de 4,41. O coeficiente de variação da distribuição total é de 50,**52%**, o que implica um nível de consistência muito médio. A variável despesa anual implica o bem-estar progressivo da família. Por vezes, ajuda a gerar uma atitude cosmopolita. O nível médio da despesa anual pode assegurar o nível percetivo exato para representar os extremos da vulnerabilidade às alterações climáticas e da segurança alimentar

6.1.2.3.   Exploração de terras

Quadro 6.8: Distribuição dos inquiridos de acordo com a sua posse de terra (x₈)
n=200

Categoria	Exploração de terras (em acres)	Frequência	Percentagem	Estatísticas
Baixo	<1,0acre	12	6.00	Intervalo=0,73-4,40
Médio	1,0-3,0 acre	164	82.00	Média=2,04
Elevado	>3,0 acres	24	12.00	DP= 0,88
				CV= 43,14%

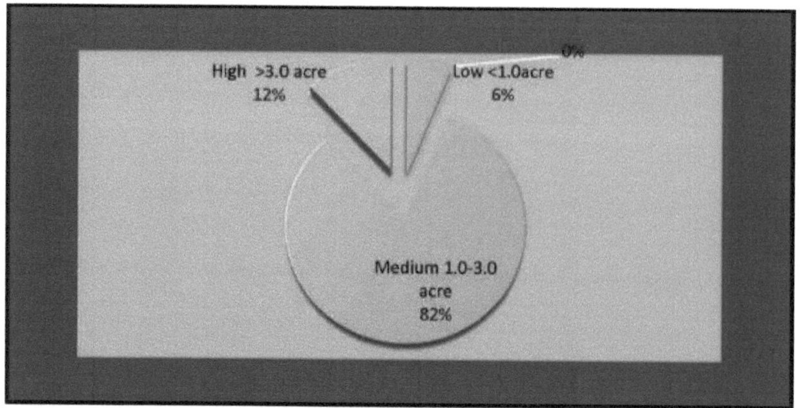

Fig. 6.8: Representação esquemática dos inquiridos segundo a sua propriedade fundiária (x_8) em percentagem

A Tabela 6.8 apresenta a distribuição dos inquiridos de acordo com a **posse** de terra. Entre o total de inquiridos, a maioria pertence ao grupo de 1,0-3,0 acres, o que significa posse de terra média (82,50%), seguido de mais de 3,0 acres, o que significa **posse** de terra elevada (12,00%). A **distribuição** dos inquiridos é de 0,73-4,40 acres com uma média de 2,04 acres e um desvio padrão de 0,88. O coeficiente de variação da distribuição total é de 43,14%, o que implica um nível de consistência muito médio. A variável "propriedade fundiária" representa o estatuto económico da família, que lhe **confere** prestígio na sociedade. O nível médio do estatuto da propriedade fundiária no presente estudo pode ajudar a descrever os extremos da vulnerabilidade às alterações climáticas.

6.1.2.4.   Posse de utensílios agrícolas

Quadro 6.9: Distribuição dos inquiridos de acordo com a posse de alfaias agrícolas (X_9) n=200

Categoria	Implementos agrícolas pontuação de posse	Frequência	Percentagem	Estatísticas
Baixa	<5	12	6.00	Gama=3-15
Médio	5 - 11	165	82.50	Média=7,98
Elevado	>11	23	11.50	DP= 3,24
				CV= 40,63%

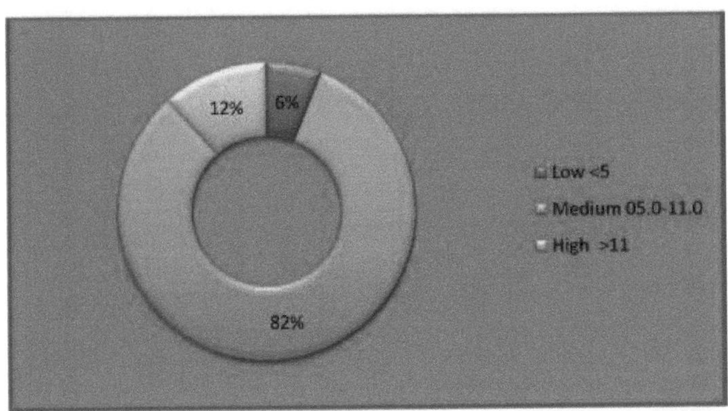

Fig. 6.9: Representação diagramática dos inquiridos de acordo com a posse de alfaias agrícolas (x_9) em percentagem

A Tabela 6.9 apresenta a distribuição dos inquiridos de acordo com a posse de alfaias agrícolas, tais como alfaias de preparação da lavoura, intercultura, colheita, debulha e apanha, pulverizador e espanador. Entre o total de inquiridos, a maioria pertence ao grupo de pontuação 5 - 11, o que representa um nível médio de posse de alfaias **agrícolas** (82,50%), seguido de uma pontuação superior a ll, o que representa um nível elevado de posse de alfaias agrícolas (11,50%), e a pontuação inferior a 5, o que representa um nível baixo de posse de alfaias agrícolas (6,00%). A distribuição dos inquiridos é de 3-15 pontos com um valor médio de 7,98 e um desvio padrão de 3,24. O coeficiente de variação da distribuição total é de 40,63%, o que implica um nível médio de consistência. A posse de alfaias agrícolas ajuda o agricultor a **adotar** novas abordagens inovadoras relacionadas com a agricultura. O nível médio de posse de alfaias agrícolas pode criar um ambiente propício à representação dos **extremos** da vulnerabilidade às alterações climáticas.

6.1.2.5.   Quinta Poder Posse

Quadro 6.10: Distribuição dos inquiridos de acordo com a posse de energia eléctrica na exploração agrícola (x_{10}) n=200

Categoria	Frequência de scor de posse de energia da quinta		Percentagem	Estatísticas
Baixo	<4	40	20.00	Gama=1-88
Médio	4 - 12	133	66.50	Média=7,68
Elevado	>12	27	13.50	DP= 3,99
				CV= 51,98%

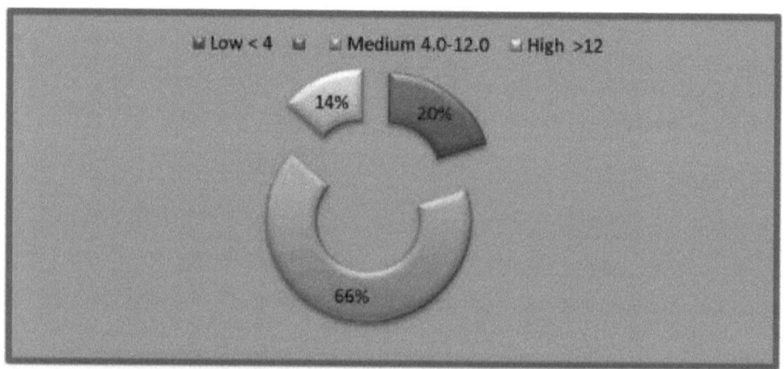

Fig. 6.10: Representação esquemática dos inquiridos de acordo com a sua posse de energia agrícola (x_{10}) em percentagem

A Tabela 6.10 apresenta a distribuição dos inquiridos de acordo com a posse de energia agrícola, como charrua, trator, motocultivador, conjuntos de bombas, enxada de roda / marcador de linhas / sacha de cone, cortador de palha, implementos locais, etc. Entre o total de inquiridos, a maioria pertence ao grupo de pontuação 4 - 12, que representa o nível médio de posse de energia agrícola (66,50%), seguido da pontuação inferior a 4, que representa um nível baixo de posse de energia agrícola (20,00%), e a pontuação é superior a 12, que representa um nível elevado de posse de energia agrícola (13,50%). A distribuição dos inquiridos é de 1 a 88 pontos, com um valor médio de 7,68 e um desvio padrão de 3,99. O coeficiente de variação da distribuição total é de 51,98%, o que implica um nível médio de consistência. A inovação agrícola e a estima social reflectem-se na posse de poder agrícola para desenvolver uma atitude perceptiva em relação a qualquer novo aspeto agrícola. Espera-se que o nível médio de posse de poder agrícola de um agricultor para representar a perceção sobre a representação das extremidades da vulnerabilidade às alterações climáticas e da segurança alimentar.

6.1.2.6.   Posse de material

Quadro 6.11: Distribuição dos inquiridos de acordo com a posse de materiais (x_{11}) n=200

Categoria	Pontuação de posse de material	Frequência	Percentagem	Estatísticas
Baixa	<2	16	8.00	Gama=0-6
Médio	2-4	141	70.50	Média=3,21
Elevado	>4	43	21.50	DP=1,28
				CV=39,85 %

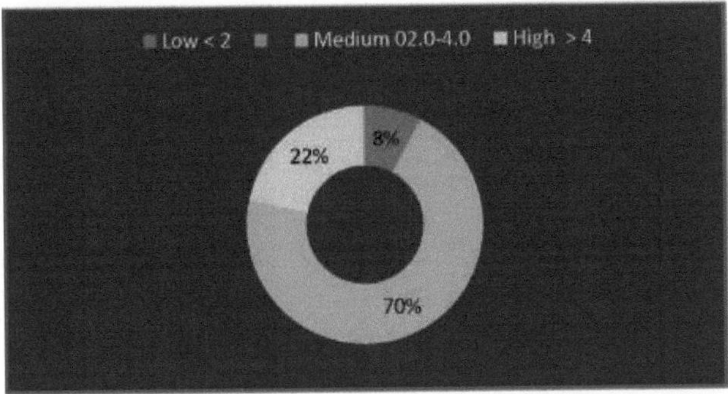

Fig. 6.11: Representação esquemática dos inquiridos de acordo com a sua posse material (Xn) em percentagem

A Tabela 6.11 apresenta a distribuição dos inquiridos de acordo com a posse de materiais. Entre o total de inquiridos, a maioria pertence ao grupo de pontuação 2 a 4, que representa um nível médio de posse de materiais (70,50%), seguido de **uma** pontuação superior a 4, que representa um nível elevado de posse de materiais (21,50%), tais como motociclo, bicicleta, rádio/TV/computador, telefone/telemóvel e **alfaias** agrícolas melhoradas, e uma pontuação inferior a 2, que representa um nível baixo de posse de materiais (8,00%). A distribuição dos inquiridos é de 0-6 pontos, com um valor médio de 3,21 e um desvio padrão de 1,28. O coeficiente de variação da distribuição total é de 39,85%, o que implica um nível médio de consistência. O estatuto socioeconómico da comunidade agrícola numa estrutura social pode ser explicado através da posse de materiais. O nível médio de posse de materiais na família pode ajudar a explicar a perceção dos agricultores sobre a **representação dos** extremos da vulnerabilidade às alterações climáticas e da segurança alimentar.

6.1.3. Atributos de extensão e comunicação

6.1.3.1 Participação social

Quadro 6.12: Distribuição dos inquiridos de acordo com a sua participação social (X$_{12}$) n=200

Categoria	Participação social Frequência Percentagem Pontuação	Estatísticas
Baixa	<22613 .00	Intervalo=0-8
Médio	2-416281 .00	Média=2,89
Elevado	>4126 .00	DP= 1,45 CV=50,0%

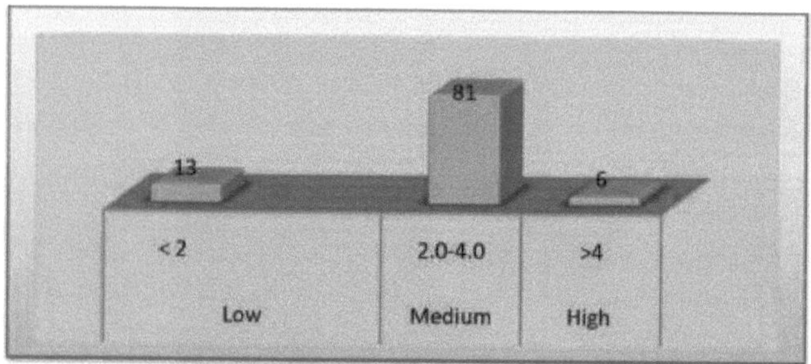

Fig.6.12: Representação diagramática dos inquiridos de acordo com a sua participação social (x12) em percentagem

A Tabela 6.12 apresenta a distribuição dos inquiridos de acordo com a participação social. Entre o total de inquiridos, a maioria pertence ao grupo de 2-4 membros, o que significa um nível médio de participação social (81,00%), seguido do grupo de menos de 2 membros, o que significa um nível baixo de participação social (13,00%) e mais de 4 membros, o que significa (6,00%). A distribuição dos inquiridos é de 0-8 membros em várias instituições/organizações com um valor médio de 2,89 e um desvio padrão de 1,45. O coeficiente de variação da distribuição total é de 50,0%, o que implica um nível médio de consistência. Os participantes sociais capacitam a comunidade agrícola a desenvolver o seu interior através de experiências e exposição. No presente estudo, o nível médio de participação social pode desenvolver o conceito para explicar a perceção dos agricultores sobre a representação dos extremos da vulnerabilidade às alterações climáticas e da segurança alimentar.

6.1.3.2. Acesso às fontes de informação

Quadro 6.13: Distribuição dos inquiridos de acordo com o seu acesso às fontes de informação (x13) n=200

Categoria	Pontuação da fonte de acesso à informação	Frequência	Percentagem	Estatísticas
Baixa	<2	1	0.50	Intervalo=0-9
Médio	2 -5	170	85.00	Média=3,83
Elevado	>5	29	14.50	DP= 1,60
				CV= 41,84%

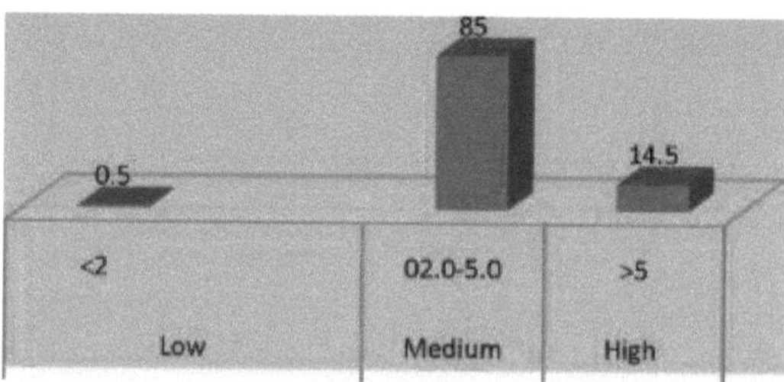

Fig. 6.13: Representação diagramática dos inquiridos segundo o seu acesso às fontes de informação (x13) em percentagem

A Tabela 6.13 apresenta a distribuição dos inquiridos de acordo com o acesso às fontes de informação sobre as alterações climáticas. Entre o total de inquiridos, a maioria pertence ao grupo de pontuação 2 -5, o que representa que o inquirido tem um acesso médio a fontes de informação sobre as alterações climáticas (85,00%), seguido de uma pontuação superior a 5, que representa a alta fonte de informação agrícola (14,50%), e de uma pontuação inferior a 2, que representa a baixa fonte de informação agrícola sobre as alterações climáticas (0,50%). A distribuição dos inquiridos é de 0-9 pontos, com um valor médio de 3,83 e um desvio padrão de 1,60. O coeficiente de variação da distribuição total é de 41,84%, o que implica um nível médio de consistência. O acesso a fontes de informação sobre as alterações climáticas desenvolve o conhecimento dos agricultores na gestão científica das práticas agrícolas. No presente estudo, espera-se que o nível médio de acesso às fontes de informação possa explicar a perceção dos agricultores no caso da representação dos extremos da vulnerabilidade às alterações climáticas e da segurança alimentar.

6.1.4 Atributos sócio-psicológicos

6.1.4.1. Liderança na adoção

Quadro 6.14: Distribuição dos inquiridos de acordo com a sua liderança na adoção (x_{14}) n=200

Categoria	Pontuação da liderança na adoção	Frequência	Percentagem	Estatísticas
Baixa	<4	17	8.50	Gama=2-10
Médio	4 - 7	159	79.50	Média=5,37
Elevado	1 >7	24	12.00	DP= 1,63
				CV=30,43 %

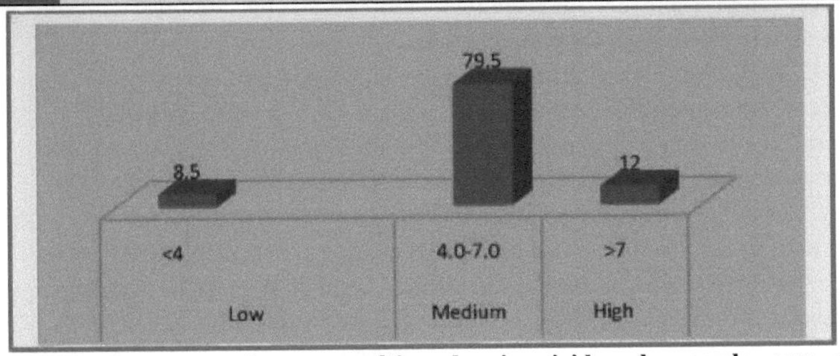

Figura 6.14: Representação esquemática dos inquiridos de acordo com a sua liderança na adoção (x_{14}) em percentagem

A Tabela 6.14 apresenta a distribuição dos inquiridos de acordo com a liderança na adoção. Entre o total de inquiridos, a maioria pertence à classificação 4-7, que representa uma liderança de adoção média (79,50%), seguida de uma classificação superior a 7, que representa uma liderança de adoção elevada (12,00%), e de uma classificação inferior a 4, que representa uma orientação científica baixa (8,50%). A distribuição dos **inquiridos** é de uma pontuação de 2 a 10, com um valor médio **de** 5,37 e um desvio padrão de 1,63. O coeficiente de variação da distribuição total é de 30,43%, o que implica um elevado nível de consistência. A adoção da liderança reforça a confiança dos seguidores na aceitação de várias inovações na agricultura. No presente estudo, espera-se que o nível médio de adoção da liderança possa explicar a perceção dos agricultores no caso da representação dos extremos da vulnerabilidade às alterações climáticas.

6.1.4.2. Orientação científica

Quadro 6.15: Distribuição dos inquiridos de acordo com a sua orientação científica (x₁₅) n=200

Categoria	Pontuação da orientação científica	Frequência	Percentagem	Estatísticas
Baixa	<20	22	11.00	Gama=2-30
Médio	20 - 28	168	84.00	Média=23,10
Elevado	>28	10	5.00	DP=3,38
				CV=14,62 %

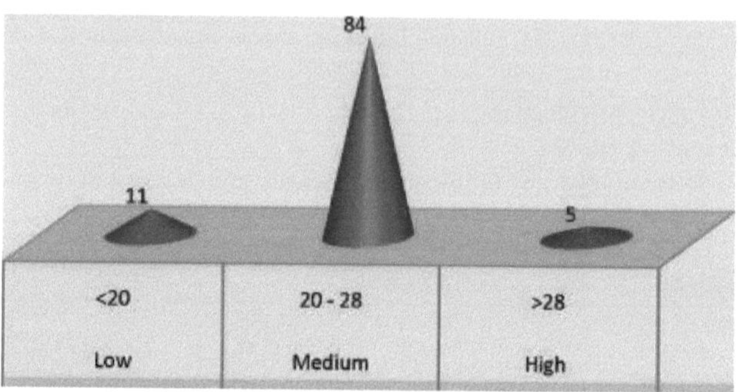

Fig. 6.15: Representação diagramática dos inquiridos de acordo com a sua orientação científica (X_{15}) em percentagem

A Tabela 6.15 apresenta a distribuição dos inquiridos de acordo com a orientação científica. Entre o total de inquiridos, a maioria pertence à pontuação 20 - 28, que representa uma orientação científica média (84,00%), seguida da pontuação inferior a 20, que representa uma orientação científica baixa (11,00%), e da pontuação superior a 28, que representa uma orientação científica elevada (5,00%). A distribuição dos inquiridos é de 2-30 pontos, com um valor médio de 23,10 e um desvio padrão de 3,38. O coeficiente de variação da distribuição total é de 14,62%, o que implica um elevado nível de consistência. A orientação científica mostra a lógica subjacente à adoção de qualquer tecnologia pelos agricultores. No presente **estudo**, espera-se que o nível médio de orientação científica possa explicar a perceção dos agricultores no caso da representação dos extremos da vulnerabilidade às alterações climáticas.

6.1.4.3. Independência

Quadro 6.16: Distribuição dos inquiridos de acordo com a sua independência (X_{16}) n=200

Categoria	Pontuação de independência	Frequência	Percentagem	Estatísticas
Baixa	<20	19	9.50	Gama=18-30
Médio	20-26	174	87.00	**Média=23**,45
Elevado	>26	7	3.50	DP= **3**,04
				CV=12,95 %

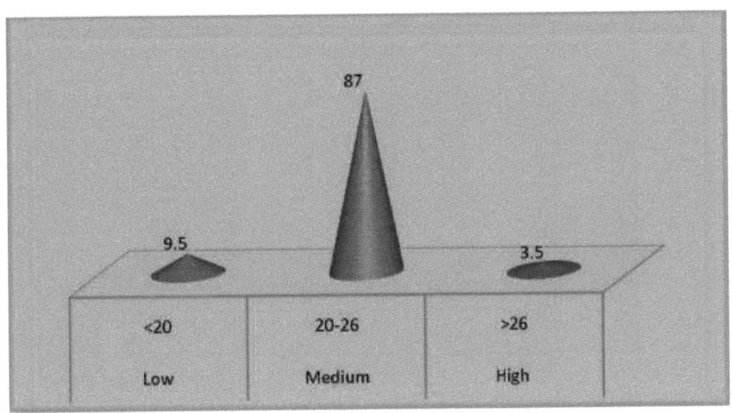

Quadro 6.16: Representação esquemática dos inquiridos de acordo com a sua independência (X_{16}) em percentagem

A Tabela 6.16 apresenta a distribuição dos inquiridos de acordo com a independência. Entre o total de inquiridos, a maioria pertence ao escalão 20-26, que representa uma independência média (87,00 %), seguido do escalão inferior a 20, que representa uma **independência** baixa (9,50%), e do escalão superior a 26, que representa uma independência elevada (3,50%). A distribuição dos inquiridos é de 18-30 **pontos**, com um valor médio de 23,45 e um desvio padrão de 3,04. O coeficiente de variação da distribuição total é de 12,95%, o que implica um elevado nível de consistência. A independência implica a autossuficiência dos agricultores na adoção das diferentes tecnologias e no comportamento de resolução de problemas. No presente estudo, **espera-se** que o nível médio de independência possa explicar a perceção dos agricultores no caso da representação dos extremos da vulnerabilidade às alterações climáticas.

6.1.4.4. Capacidade de assumir riscos

Quadro 6.17: Distribuição dos inquiridos de acordo com a sua capacidade de assumir riscos (X_{17}) n=200

Categoria	Pontuação da capacidade de assumir riscos	Frequência	Percentagem	Estatísticas
Baixa	<20	33	16.50	Gama=16-30
Médio	20- 26	146	73.00	Média=23,10
Elevado	I >26	21	10.50	DP=3,06
				CV=13,23 %

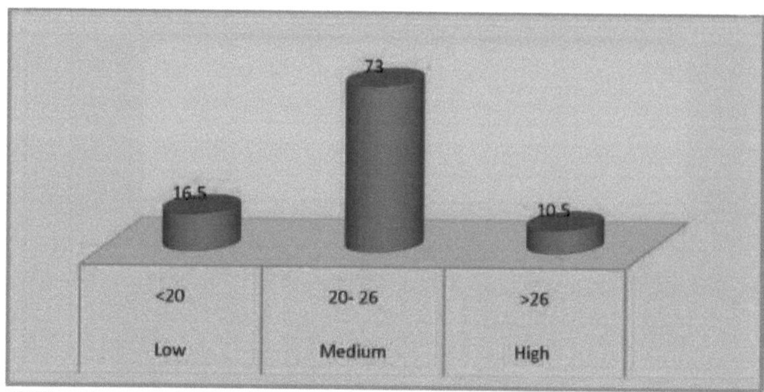

Fig. 6.17: Representação diagramática dos inquiridos de acordo com a sua capacidade de assumir riscos (xi7) em percentagem

A Tabela 6.17 apresenta a distribuição dos inquiridos de acordo com a sua capacidade de assumir riscos. Entre o total de inquiridos, a maioria pertence à pontuação de 20 a 26, **que** representa uma capacidade de assunção de riscos média (73,00%), seguida de uma pontuação inferior a 20, que representa uma capacidade de assunção de riscos baixa (16,50%) e de uma pontuação superior a 26, que representa uma capacidade de assunção de riscos elevada (10,50%). A distribuição dos inquiridos é de 16-30 pontos, com um valor médio de 23,10 e um desvio padrão de 3,06. O coeficiente de variação da distribuição total é de 13,23%, o que implica um elevado nível de consistência. A capacidade de assumir riscos implica a capacidade de aceitar os riscos e os desafios inerentes à inovação agrícola. No presente estudo, espera-se que o nível médio de capacidade de assunção de riscos possa explicar a perceção dos agricultores no caso da representação dos extremos da vulnerabilidade às alterações climáticas.

6.1.4.5. Inovação

Quadro 6.18: Distribuição dos inquiridos de acordo com a sua capacidade de inovação (xi8) n=200

Categoria	Pontuação de inovação	Frequência	Percentagem	Estatísticas
Baixa	<5	34	17.00	Gama=2-14
Médio	5 - 11	146	73.00	**Média=7,77**
Elevado	>11	20	10.00	DP= 3,01
				CV= 38,74%

86

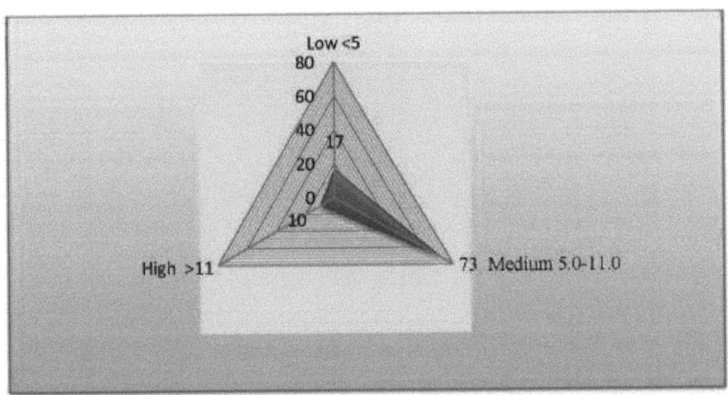

Fig. 6.18: Representação diagramática dos inquiridos de acordo com a sua capacidade de inovação (x_{18}) em percentagem

A Tabela 6.18 apresenta a distribuição dos inquiridos de acordo com a capacidade de inovação. Entre o total de inquiridos, a maioria pertence ao grupo de pontuação 5-11, que representa uma inovatividade média (73,00%), seguido de uma pontuação inferior a 5, que representa uma inovatividade baixa (17,00%) e uma pontuação superior a 11, que representa uma **inovatividade** elevada (10,00%). A distribuição dos inquiridos é de 2-14 pontos com um valor médio de 7,77 e um desvio padrão de 3,01. O coeficiente de variação da distribuição total é de 38,74%, o que implica um nível médio de consistência. Os agricultores podem ser reconhecidos pela sua capacidade de inovação no caso de desenvolverem a capacidade de perceção para enfrentar o desafio associado à agricultura. No presente estudo, espera-se que o nível médio de inovação possa explicar a perceção dos agricultores no caso da representação dos extremos da vulnerabilidade às alterações climáticas.

6.1.4.6. Motivação económica

Quadro 6.19: Distribuição dos inquiridos de acordo com a sua motivação económica (x_{19}) n=200

Categoria	Pontuação da motivação económica	Frequência	Percentagem	Estatísticas
Baixa	<20	9	4.50	Gama=19-30
Médio	20 - 26	173	86.50	Média=23,06
Elevado	I >26	18	9.00	DP=2,57
				CV= 11,13%

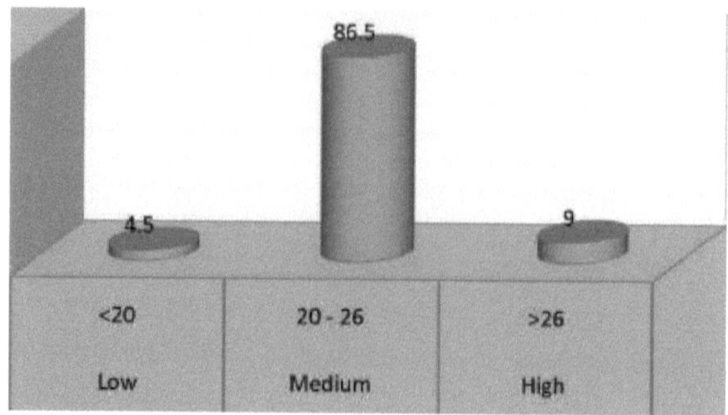

Fig. 6.19: Representação diagramática dos inquiridos de acordo com a sua motivação económica (x_{19}) em percentagem

A Tabela 6.19 apresenta a distribuição dos inquiridos de acordo com a motivação económica. Entre o total de inquiridos, a maioria pertence à pontuação 20-26, que representa uma motivação económica média (86,**50%**), seguida de uma pontuação superior a 26, que representa uma motivação económica elevada (9,**00%**) e de uma pontuação inferior a 20, que representa uma motivação económica baixa (4,50%). A distribuição dos inquiridos é de 19-30 pontos, com um valor médio de 23,06 e um desvio padrão de 2,57. O coeficiente de variação da distribuição total é de 11,13%, o que implica um nível de consistência muito elevado. A motivação económica reflecte a força motriz intrínseca de um indivíduo para alcançar a **afiliação** económica. No presente estudo, espera-se que o nível médio de motivação económica possa explicar a perceção dos agricultores no caso da representação dos extremos da vulnerabilidade às alterações climáticas.

6.1.4.7. Orientação da gestão

Quadro 6.20: Distribuição dos inquiridos segundo a sua orientação para a gestão (x_{20}) n=200

CategoriaOrientação da gestão pontuação			Estatísticas da percentagem de frequência
Baixa	<52	7	3.50	Gama=18-84
Médio	52 - 69	179	89.50	Média=60,23
Elevado	>69	14	7.00	DP= 8,29
				CV= 13,77 %

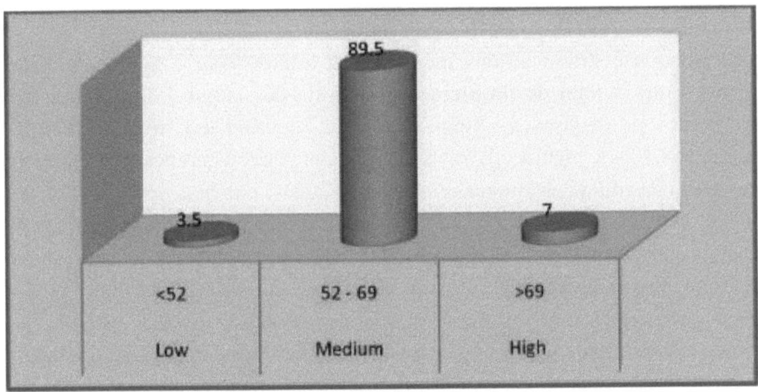

Fig. 6.20: Representação esquemática dos inquiridos segundo a sua orientação em matéria de gestão (X_{20}) em percentagem

A Tabela 6.20 apresenta a distribuição dos inquiridos de acordo com a orientação para a gestão. Entre o total de inquiridos, a maioria pertence à pontuação 52 - 69, que representa o nível médio de orientação para a gestão da informação (89,50%), seguida da pontuação superior a 69, que representa o nível elevado de orientação para a gestão da informação (7,00%), e inferior a 52, que representa um nível baixo de orientação para a gestão da informação (3,50%). A distribuição dos inquiridos é de 18-84 pontos, com um valor médio de 60,23 e um desvio padrão de 8,29. O coeficiente de variação da distribuição total é de 13,77%, o que implica um nível de consistência muito elevado. A orientação para a gestão ajuda a desenvolver a capacidade de gestão de um indivíduo na aplicação da inovação agrícola. No presente estudo, espera-se que o nível médio de orientação para a gestão possa explicar a perceção dos agricultores no caso da representação dos extremos da vulnerabilidade às alterações climáticas.

B. Diferentes aspectos da segurança alimentar afectados pelas alterações climáticas

6.1.5 Situação da segurança alimentar

Quadro 6.21: Distribuição dos inquiridos de acordo com o seu estatuto de segurança alimentar (Y_1) n=200

Categoria	Pontuação da segurança alimentar	Frequência	Percentagem	Estatísticas
Baixa	<35	15	7.50	Gama= 29-44
Médio	1 35-41	137	68.50	Média= 38,28
Elevado	1 >41	48	24.00	DP= 2,96 CV=7,73 %

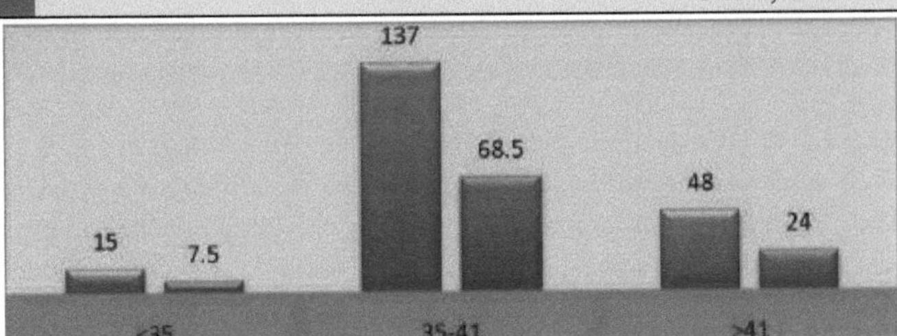

Fig. 6.21: Representação diagramática dos inquiridos de acordo com o seu estatuto

de segurança alimentar (Y1) em frequência e percentagem

A Tabela 6.21 apresenta a distribuição dos inquiridos de acordo com o seu estatuto de segurança alimentar. Entre o total de **inquiridos**, a maioria dos inquiridos **pertence ao grupo** de 35-41 pontos de segurança alimentar, o que significa um nível médio de segurança alimentar (**68,50%**), seguido de mais de 41 pontos de segurança alimentar, o que significa um nível elevado de segurança alimentar (24,00%) e menos de 35 pontos de segurança alimentar, o que significa um nível baixo de segurança alimentar (7,50%). A distribuição dos inquiridos varia entre 29-44 **pontos de** segurança alimentar com um valor médio de 38,28 e um **desvio** padrão de 2,96. O coeficiente de variação da distribuição total é de 7,73%, o que implica um elevado nível de consistência. O nível do estatuto de segurança alimentar também pode ajudar a descrever o **impacto** das alterações climáticas extremas no estatuto de segurança alimentar dos produtores agrícolas.

6.1.5.1. Situação da disponibilidade de alimentos

Tabela 6.22: Distribuição dos inquiridos de acordo com a sua disponibilidade alimentar (n=200)

Categoria	Pontuação da disponibilidade de alimentos	Frequência	Percentagem	Estatísticas
Baixo	<6	6	3.00	Gama=4-9
Médio	6-8	166	83.00	Média=7,45
Elevado	>8	28	14.00	DP= 1,00
				CV= 13,42%

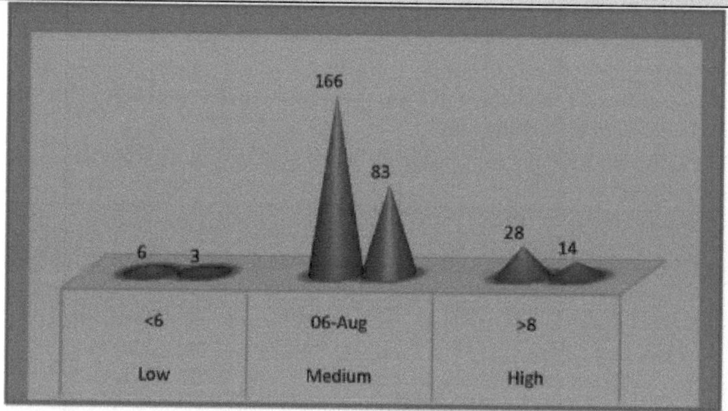

Fig.6.22: Diagrammatic representation of respondents according to their

estado de disponibilidade de alimentos em frequência e percentagem

A Tabela 6.22 apresenta a distribuição dos inquiridos de acordo com o seu estado de disponibilidade **alimentar**. Entre o total de inquiridos, a maioria pertence ao grupo de 6-8 pontos de disponibilidade alimentar, o que significa um nível médio de disponibilidade alimentar (83,00%), seguido de um nível superior a 8 pontos de disponibilidade alimentar, o que significa um nível elevado de **disponibilidade alimentar** (14,00%) e um nível inferior a 6 pontos de disponibilidade alimentar, o que significa um nível baixo de disponibilidade **alimentar** (3,00%). A distribuição dos inquiridos varia entre 4-9 pontuações de disponibilidade alimentar com um valor médio de 7,45 e um desvio padrão de 1,00. O coeficiente de variação da distribuição total é de 13,42%, o que implica um elevado nível de consistência. A pontuação do estado de disponibilidade de alimentos é um dos componentes para calcular o estado holístico da segurança alimentar dos produtores agrícolas, que também pode ser afetado pelas alterações climáticas na agricultura.

Reflexo da mudança

Quadro 6.23: Alteração do estado de disponibilidade de alimentos por bloco devido às alterações climáticas (n=200)

Categorias	Blocos (em %)		Total inquirido	Estatísticas
	Tufanganj-I	Cooch Behar-II		
Menos afetado	10.0018	.00	28	x^2 =8,107*
Moderadamente afetado	81.0063	.00	144	(P=0,017)df=2
Altamente afetado	9.0019	.00	28	
Total	**100.00100**	**.00**	**200**	

** Significativo ao nível de 1%, *Significativo ao nível de 5%

O quadro 6.23 mostra a alteração, **por bloco,** do estado de disponibilidade de alimentos devido às alterações climáticas entre os produtores agrícolas. De acordo com a perceção dos produtores agrícolas nestes dois blocos, mais **inquiridos** são menos afectados e altamente afectados **no bloco de** Coochbehar-II em comparação com o bloco de **Tufanganj-I** e mais inquiridos são **moderadamente** afectados no bloco de Tufanganj-I em comparação com o bloco de Cooch Behar-II no que diz respeito ao estado de disponibilidade alimentar devido às alterações climáticas. O resultado também mostra que o valor x^2 é 8,107, o que implica que se observam diferenças positivas e significativas no caso do estado de disponibilidade alimentar entre os produtores agrícolas devido às alterações climáticas no **bloco** Cooch Behar-II e no bloco Tufanganj-I. A razão plausível pode ser o facto de o bloco Tufanganj-I ser muito mais vulnerável **aos** discursos sobre as alterações climáticas do que o bloco Cooch Behar-I. O bloco Tufanganj-I é também afetado por **calamidades** naturais como inundações e secas nos anos seguintes. Consequentemente, os produtores agrícolas dependem sobretudo dos caprichos do clima para cultivar e comercializar os excedentes.

6.1.5.2.   Estado de acessibilidade dos alimentos

Tabela 6.24: Distribuição dos inquiridos de acordo com o seu estatuto de acessibilidade alimentar (n=200)

Categoria	Pontuação de acessibilidade alimentar	Frequência	Percentagem	Estatísticas
Baixa	<14	33	16.50	Gama=12-19
Médio	14-17	153	76.50	Média=15,22
Elevado	>17	14	7.00	DP= 1,61
				CV= 10,58 %

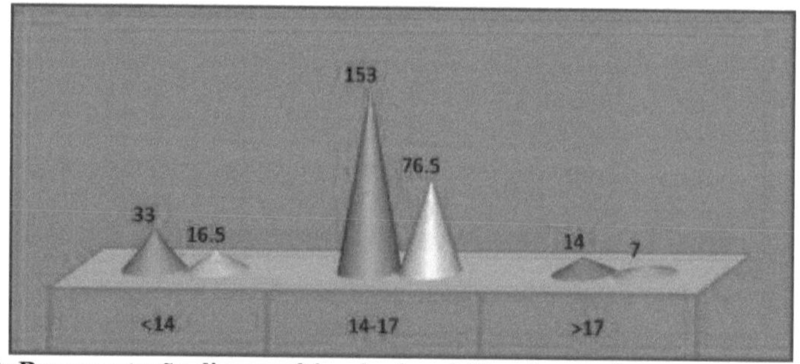

Fig.6.23: Representação diagramática dos inquiridos de acordo com o seu estatuto de acessibilidade alimentar em frequência e percentagem

A Tabela 6.24 apresenta a distribuição dos inquiridos de acordo com o seu estatuto de acessibilidade alimentar. Entre o total de inquiridos, a maioria pertence ao grupo de 14-17 pontos de acesso aos alimentos, o que significa um nível médio de acessibilidade alimentar (76,50%), seguido de mais de 17 pontos de acesso aos alimentos, o que significa um nível elevado de acessibilidade alimentar (7,00%) e menos de 14 pontos de acesso aos alimentos, o que significa um nível baixo de acessibilidade alimentar (16,50%). A distribuição dos inquiridos varia entre 12 e 19 pontos de acessibilidade alimentar, com um valor médio de 15,22 e um desvio padrão de 1,61. O coeficiente de variação da distribuição total é de 10,58%, o que implica um elevado nível de consistência. A pontuação do estado de disponibilidade dos alimentos é um dos componentes para calcular o estado holístico da segurança alimentar dos produtores agrícolas, que também pode ser afetado pelas alterações climáticas na agricultura.

Reflexo da mudança

Quadro 6.25: Alteração da acessibilidade alimentar por blocos devido às alterações climáticas (n=200)

Categorias	Blocos (em %)		Total de inquiridos	Hipótese estatística
	Tufanganj-I	Cooch Behar-II		
Menos afetado	37.00	34.00	71	$x^2 = 1,885$ NS
Moderadamente afetado	37.00	46.00	83	$(P = 0,390)$df=2
Altamente afetado	26.00	20.00	46	
Total	100.00	100.00	200	

** Significativo ao nível de 1%, *Significativo ao nível de 5%

O quadro 6.25 mostra a alteração, por bloco, do estado de acessibilidade dos alimentos devido às alterações climáticas entre os produtores agrícolas. De acordo com a perceção dos produtores agrícolas nestes dois blocos, mais inquiridos são menos afectados e altamente afectados no bloco de Tufanganj-I em comparação com o bloco de Cooch Behar-II e mais inquiridos são moderadamente afectados no bloco de Cooch Behar-II em comparação com o bloco de Tufanganj-I no que diz respeito ao estado de acessibilidade alimentar devido às alterações climáticas. O resultado também mostra que o valor x^2 é 1,885, o que implica que se observam diferenças não significativas no caso do estado de acessibilidade alimentar entre os produtores agrícolas devido às alterações climáticas no bloco Cooch Behar-II e no bloco Tufanganj-I. A razão plausível pode ser o mesmo estatuto dos produtores agrícolas em termos de pertença económica e social, a dependência do sistema de abastecimento alimentar do governo local, a disponibilidade de mercados internos, etc.

6.1.5.3. Estado de utilização dos alimentos

Quadro 6.26: Distribuição dos inquiridos de acordo com o seu estado de utilização dos alimentos (n=200)

Categoria	Pontuação da utilização de alimentos Frequência Percentagem	Estatísticas
Baixa	<4 42 21 .00	Gama=3-9
Médio	4-7 127 63 .50	Média= 5,21
Elevado	>7 31 15 .50	DP= 1,79
		CV= 34,36%

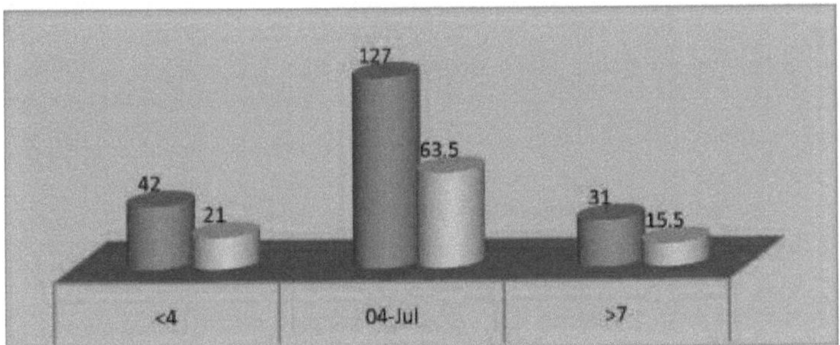

Fig.6.24: Representação esquemática dos inquiridos de acordo com o seu estado de utilização dos alimentos em frequência e percentagem

A Tabela 6.26 apresenta a distribuição dos inquiridos de acordo com o seu estado de utilização dos alimentos. Entre o total de inquiridos, a maioria dos inquiridos pertence ao grupo de 4-7 pontos de utilização dos alimentos, o que significa um nível médio de utilização dos alimentos (63,50%), seguido de um nível superior a 7 pontos de **utilização dos** alimentos, o que significa um nível elevado de utilização dos alimentos (31,00%) e um nível inferior a 4 pontos de utilização dos alimentos, o que significa um nível baixo de utilização dos alimentos (21,00%). A distribuição dos inquiridos **varia** entre 3 e 9 pontos de utilização dos alimentos, com um valor médio de 5,21 e um **desvio** padrão de 1,79. O coeficiente de variação da distribuição total é de 34,36%, o que implica um elevado nível de consistência. A pontuação do estado de utilização dos alimentos é um dos componentes para calcular o estado holístico da segurança alimentar dos produtores agrícolas, que também pode ser afetado pelas alterações climáticas na agricultura.

Reflexo da mudança

Quadro 6.27: Mudança do estado de utilização dos alimentos por bloco devido às alterações climáticas (n=200)

Categorias	Blocos (em %)		Total inquirido	Estatística hipótese
	Tufanganj-I	Coochbehar-II		
Menos afetado	42.00	40.00	82	$x^2 = 8,516*$
Moderadamente	44.00	30.00	74	$(P = 0,014)$ df=2

afetado				
Altamente afetado	14.00	30.00	44	
Total	**100.00**	**100.00**	**200**	

** Significativo ao nível de 1%, *Significativo ao nível de 5%

O quadro 6.27 mostra a alteração, por bloco, do estatuto de utilização dos alimentos devido às alterações climáticas entre os produtores agrícolas. De acordo com a perceção dos produtores agrícolas nestes dois blocos, o maior número de inquiridos é menos afetado e moderadamente afetado no bloco Tufanganj-I em comparação com o bloco Cooch Behar-II e o maior número de inquiridos é altamente afetado no bloco Cooch Behar-II em comparação com o bloco Tufanganj-I no que diz respeito ao estado de utilização dos alimentos devido às alterações climáticas. O resultado também mostra que o valor x^2 é 8,516, o que implica que se observam diferenças positivas e significativas no caso do estatuto de utilização dos alimentos entre os produtores agrícolas devido às alterações climáticas no bloco Cooch Behar-II e no bloco Tufanganj-I. A razão plausível pode ser o facto de o bloco Tufanganj-I ser muito mais vulnerável aos discursos sobre as alterações climáticas do que o bloco Cooch Behar-I no que respeita à utilização dos recursos alimentares de uma forma específica. O bloco Tufanganj-I também é afetado por calamidades naturais, pelo que os produtores agrícolas dependem sobretudo dos caprichos do clima para utilizar corretamente os recursos alimentares.

6.1.5.4. Estado de estabilidade dos alimentos

Tabela 6.28: Distribuição dos inquiridos de acordo com o seu estado de estabilidade alimentar (n=200)

Categoria	Índice de estabilidade alimentar Frequência Percentagem	Estatísticas
Baixa	<93216 .00	Gama=7-13
Médio	9-1215678 .00	Média= 10,44
Elevado	>12126 .00	DP= 1,68
		CV= 16,09 %

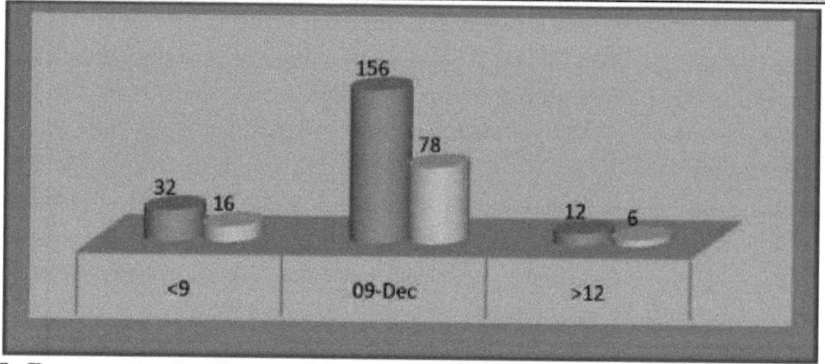

Fig.6.25: Representação diagramática dos inquiridos de acordo com o seu estado de estabilidade alimentar em frequência e percentagem

A Tabela 6.25 apresenta a distribuição dos inquiridos de acordo com o seu estado de estabilidade alimentar. Entre o total de inquiridos, a maioria dos inquiridos **pertence à** classificação de estabilidade alimentar de 9-12, o que significa um nível médio de estabilidade alimentar (78,00%), seguido de uma classificação de segurança alimentar superior a 12, o que significa um nível elevado de **estabilidade** alimentar (6,00%) e uma

94

classificação de estabilidade alimentar inferior a 9, o que significa um nível baixo de estabilidade alimentar (7,50%). A distribuição dos inquiridos varia entre 7-13 pontos de estabilidade alimentar com um valor médio de 10,44 e um **desvio** padrão de 1,68. O coeficiente de variação da distribuição total é de 16,09%, o que implica um elevado nível de consistência. A pontuação do estado de estabilidade alimentar é um dos componentes para calcular o estado holístico da segurança alimentar dos produtores agrícolas, que também pode ser afetado pelas alterações climáticas na agricultura.

Reflexo da mudança

Quadro 2.29: <u>Alteração do estado de estabilidade alimentar por blocos devido às</u> alterações <u>climáticas</u> (n=200)

Categorias	Blocos (em %)		Total inquirido	Estatística hipótese
	Tufanganj-I	Cooch Behar-II		
Menos afetado	10.00	40.00	50	x^2 =24,111**
Moderadamente afetado	53.00	37.00	90	(P =0.000)
Altamente afetado	37.00	23.00	60	df=2
Total	100	100	200	

** Significativo ao nível de 1%, *Significativo ao nível de 5%

O Quadro 6.29 mostra a alteração, por **blocos**, do estado de estabilidade alimentar devido às alterações climáticas entre os produtores agrícolas. De acordo com a perceção dos produtores **agrícolas nestes**

Nos dois blocos, mais **inquiridos** são menos afectados no bloco de Cooch Behar-II do que no bloco de Tufanganj-I e mais inquiridos são moderada e fortemente afectados no bloco de Tufanganj-I do que no bloco de Cooch Behar-II no que diz respeito ao estado de estabilidade alimentar devido às alterações climáticas. O resultado também **mostra** que o valor x^2 é 24,111, o que implica que se **observam** diferenças positivas e significativas no caso do estado de estabilidade alimentar entre os produtores agrícolas devido às alterações climáticas no bloco Cooch Behar-II e no bloco Tufanganj-I. A razão plausível pode ser **o** facto de o bloco Tufanganj-I ser muito mais **vulnerável aos** discursos sobre as alterações climáticas do **que o bloco** Cooch Behar-I, devido à sua situação geográfica. O bloco situa-se na **zona** de captação de três rios, nomeadamente Raidhak-I, Raidhak-II e Sankosh. Durante a estação das chuvas, **a** zona é inundada por estes rios. Consequentemente, os produtores agrícolas não conseguem, na sua maioria, dispor de alimentos durante esses dias.

C. Vulnerabilidade às alterações climáticas na agricultura

6.1.6 Vulnerabilidade às alterações climáticas

Tabela 6.30: Distribuição dos inquiridos de acordo com o seu estatuto de vulnerabilidade às alterações climáticas (Y_2) n=200

Categoria	Alterações climáticas Pontuação de vulnerabilidade	Frequência	Percentagem	Estatísticas
Baixa	<31	33	16 .50	Intervalo=22-54
Médio	31-43	126	63 .00	Média= 37,21
Elevado	>43	41	20 .50	DP= 6,26

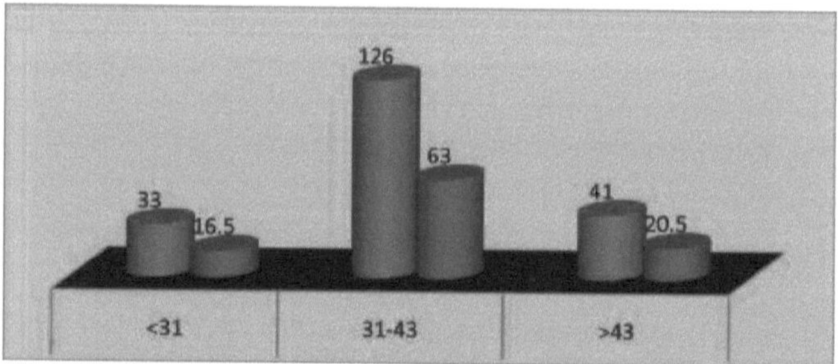

Fig.6.26: Representação diagramática dos inquiridos de acordo com o seu estado de vulnerabilidade às alterações climáticas em frequência e percentagem

A Tabela 6.30 apresenta a distribuição dos inquiridos de acordo com o seu estado de vulnerabilidade às alterações climáticas. Entre o total de inquiridos, a maioria pertence ao grupo de 31-43 pontos de vulnerabilidade, o que significa um nível médio de vulnerabilidade (63,00%), seguido de mais de 43 pontos de vulnerabilidade, o que significa um nível elevado de vulnerabilidade (20,50%) e menos de 31 pontos de vulnerabilidade, o que significa um nível baixo de vulnerabilidade (16,50%). A distribuição dos inquiridos varia entre 22 e 54 pontuações de estado de vulnerabilidade, com um valor médio de 37,21 e um desvio padrão de 6,26. O coeficiente de variação da distribuição total é de 16,82%, o que implica um elevado nível de consistência. Na maioria dos contextos rurais, a vulnerabilidade às alterações climáticas na agricultura ainda é predominante e também está a afetar o estado de segurança alimentar dos produtores agrícolas a favor dos pobres.

Tabela 6.31: Estado de vulnerabilidade às alterações climáticas na agricultura para a área de estudo

Exposição	Capacidade de adaptação	Sensibilidade	Índice de vulnerabilidade
0.62	0.28	0.33	0.11

A Tabela 6.31 apresenta o estado de vulnerabilidade às alterações climáticas na agricultura para a área de estudo. A vulnerabilidade às alterações climáticas é medida em termos de três componentes, nomeadamente a exposição, a capacidade de adaptação e a sensibilidade para calcular o índice de vulnerabilidade, sendo necessário transformar todos os elementos no intervalo de 0-1, utilizando a fórmula

$$\text{Valor transformado} = \frac{\text{Valor obtido - Valor mínimo da escala}}{\text{Valor máximo da escala - Valor mínimo da escala}}$$

Mais uma vez, todos os valores transformados dos três componentes são utilizados para calcular o índice de vulnerabilidade (VI) utilizando a fórmula

$$VI = (E-AC) \times S$$

Em que E = Exposição; AC = Capacidade de adaptação e S = Sensibilidade.

O valor de VI varia de -1 (menos vulnerável) a +1 (mais vulnerável) e é agrupado como

Sl. Não.	Categoria	VI Gama
1.	Sustentável	-1 a -0,34
2.	Subsistência	-0,33 a 0,33
3.	Vulnerável	0,33 para 1

Exposição

A probabilidade de impacto nos activos e nos meios de subsistência é medida pela frequência e gravidade das catástrofes naturais com base na variabilidade dos parâmetros climáticos nos últimos 10 anos. A componente de exposição é medida através de indicadores, nomeadamente a temperatura mínima mensal média, a temperatura máxima mensal média, a humidade relativa mínima mensal média, a humidade relativa máxima mensal média, a precipitação mensal média, o número de inundações, secas e granizo ocorridas, a degradação da terra devido a extremos climáticos e a catástrofes nos últimos 10 anos, o estado de fertilidade do solo é fraco, o abastecimento de água consistente, os membros dependentes na família e a escassez de água registada na estação produtiva. Os valores de todos estes indicadores da componente de exposição são transformados do valor real para o valor transformado e a exposição à vulnerabilidade com base no valor transformado obtido é de 0,62.

Capacidade de adaptação

A componente capacidade de adaptação é medida através de indicadores, nomeadamente acesso a subsídios para insumos, boas estradas, transportes públicos, propriedade de gado ou aves, terras cultivadas, celeiros, acesso a serviços de rádio/TV, fogão de cozinha, utilização de estrutura de recolha de águas pluviais, acesso a sementes melhoradas/ HYV, membro da família que tenha recebido qualquer tipo de formação profissional, membro da família que seja membro de qualquer sociedade cooperativa, prática de rotação de culturas, diversificação de culturas, acesso a serviços financeiros de qualquer instituição financeira, membro da família que trabalhe fora da aldeia, acesso ao centro de saúde mais próximo, estabelecimento de ensino superior nas proximidades, acesso a serviço móvel, informação sobre alterações climáticas, utilização de variedade tolerante a secas/inundações, variedade resistente a pragas/doenças, prática de testes de solo, aplicação de dose limitada de fertilizantes, boa ligação com pessoal de extensão, acesso a informação de mercado, clínica veterinária, possuía energia agrícola melhorada, tinha poupanças suficientes para fazer face a situações adversas, participou em programas de demonstração, programas de formação, recebeu um bom preço de produção, utilização de seguro de colheitas e seguro de gado. Todos os valores destes indicadores da componente da capacidade de adaptação foram transformados do valor real para o valor transformado e a capacidade de adaptação à vulnerabilidade baseada no valor transformado obtido é de 0,28.

Sensibilidade

A sensibilidade da componente é medida através de indicadores, nomeadamente a prática da cultura de arroz de sequeiro, recursos produtivos, ou seja terra/água/animais afectados por um clima adverso nos últimos 10 anos, acesso a água potável, sistema de habitação em pucca, instalações sanitárias em pucca, um membro da família faltou ao trabalho ou à escola devido a doença nos últimos 6 meses, membros da família foram infectados por uma doença transmissível nos últimos 6 meses, enfrentam problemas de escassez de lenha durante todo o ano, recolhem água diretamente do rio, riachos, lagoas, têm empréstimos/dívidas junto de instituições financeiras/amigos, conflitos sobre a água (para irrigação/bebida) na aldeia no ano passado, morte/ferimentos de um membro da família devido a uma catástrofe relacionada com o clima, i. e. ciclone, terramoto, etc.e. ciclone, terramoto, etc. no ano passado, alteração do rendimento das culturas e maior infestação de pragas e doenças. Os valores da componente de sensibilidade de todos estes indicadores foram transformados do valor real para o valor transformado e a sensibilidade à vulnerabilidade baseada no valor transformado obtido é de 0,33.

Vulnerabilidade às alterações climáticas na agricultura

A partir da análise, verificou-se que a vulnerabilidade às alterações climáticas na agricultura, em termos do Índice de Vulnerabilidade (VI) preconizado por Hann *et al.* (2007), através da agregação de todas as componentes, como a exposição, a sensibilidade e a capacidade de adaptação, a vulnerabilidade às alterações climáticas na agricultura da área de estudo é de 0,11, o que indica um nível de subsistência da vulnerabilidade às alterações climáticas na agricultura.

Reflexão da mudança

Alteração da vulnerabilidade às alterações climáticas na agricultura por blocos

Tabela 6.32: Categorização por blocos do grau de exposição à vulnerabilidade às alterações climáticas (n=200)

Categorias	Blocos (em %)		Total inquirido	Estatísticas
	Tufanganj-1	Cooch Behar-II		
Menos	0.00	96.00	96.00	x^2 =188,571**
Moderado	10.00	4.00	14.00	(*P=0*.000)
Elevado	90.00	0.00	90.00	df=2
Total	100.00	100.00	200	

O quadro 6.32 mostra a variação, por blocos, do grau de exposição dos produtores agrícolas à vulnerabilidade às alterações climáticas. De acordo com a perceção dos produtores agrícolas nestes dois blocos, o maior número de inquiridos está menos exposto às alterações climáticas

vulnerabilidade no bloco Cooch Behar-II em comparação com o bloco Tufanganj-I e mais inquiridos estão moderada e fortemente expostos à vulnerabilidade às alterações climáticas no bloco Tufanganj-I em comparação com o bloco Cooch Behar-II. O resultado também mostra que o valor x^2 é de 188,571, o que implica que se observam diferenças positivas e significativas no que respeita ao grau de exposição dos produtores agrícolas à vulnerabilidade às alterações climáticas no bloco Cooch Behar-II e no bloco Tufanganj-I. A razão plausível pode ser o facto de o bloco Tufanganj-I estar muito mais exposto aos discursos sobre as alterações climáticas do que o bloco Cooch Behar-I, devido à sua situação geográfica. O bloco situa-se na zona propensa a inundações de três rios, nomeadamente o Raidhak-I, o Raidhak-II e o Sankosh. Durante as estações das chuvas, a zona é inundada por estes rios.

Tabela 6.33: Categorização por blocos da capacidade de adaptação à vulnerabilidade às alterações climáticas

Categorias	Blocos (em %)		Total inquirido	Estatísticas
	Tufanganj-I	Cooch Behar-II		
Baixa	68.0010	.00	78	x^2 =78,862**
Médio	22.0032	.00	54	(*P=0*.000)

| Elevado | 10.0058 | .00 | 68 | df =2 |
| Total | 100.00100 | .00 | 200 | |

** Significativo ao nível de 1%, *Significativo ao nível de 5%

O quadro 6.33 mostra a alteração da capacidade de adaptação dos produtores agrícolas à vulnerabilidade às alterações climáticas, por bloco. De acordo com a perceção dos produtores agrícolas nestes dois blocos, o maior número de inquiridos apresenta uma baixa capacidade de adaptação à vulnerabilidade às alterações climáticas no bloco Coochbehar-II em comparação com o bloco Tufanganj-I e o maior número de inquiridos apresenta um nível médio e elevado de capacidade de adaptação à vulnerabilidade às alterações climáticas no bloco Tufanganj-I em comparação com o bloco Coochbehar-II. O resultado também mostra que o valor x^2 é de 78,862, o que implica que se observam diferenças positivas e significativas no caso da capacidade de adaptação dos produtores agrícolas à vulnerabilidade às alterações climáticas no bloco Cooch Behar-II e no bloco Tufanganj-I. A razão plausível pode ser o facto de o bloco Tufanganj-I não estar a receber as infra-estruturas de apoio e os conhecimentos adequados para melhorar a sua capacidade de adaptação à vulnerabilidade às alterações climáticas devido a desvantagens locais. Pelo contrário, os produtores agrícolas do bloco Coochbehar-II estão a participar em programas de sensibilização, formação e outros programas de aquisição de conhecimentos para desenvolver a sua capacidade de adaptação à vulnerabilidade às alterações climáticas.

Tabela 6.34: Categorização por blocos da sensibilidade à vulnerabilidade às alterações climáticas

Categorias	Blocos (em %)		Total inquirido	Estatísticas
	Tufanganj-I	Cooch Behar-II		
Baixa	17.00	30.00	47	x^2 =5,001
Médio	58.00	46.00	104	(*P*=0.082)
Elevado	25.00	24.00	49	df=2
Total	100.00	100.00	200	

O quadro 6.34 mostra a alteração da sensibilidade dos produtores agrícolas à vulnerabilidade às alterações climáticas por bloco. De acordo com a perceção dos produtores agrícolas nestes dois blocos, mais inquiridos têm uma sensibilidade média à vulnerabilidade às alterações climáticas no bloco Tufanganj-I em comparação com o bloco Cooch Behar-II e mais inquiridos têm níveis baixos e altos de sensibilidade à vulnerabilidade às alterações climáticas no bloco Coochbehar-II em comparação com o bloco Tufanganj-I. O resultado também mostra que o valor x^2 é de 5,001, o que implica que se observa uma diferença não significativa no caso da sensibilidade dos produtores agrícolas à vulnerabilidade às alterações climáticas no bloco Cooch Behar-II e no bloco Tufanganj-I.

Tabela 6.35: Categorização por blocos da vulnerabilidade às alterações climáticas na agricultura

Categorias	Blocos (em %)		Total de inquiridos	Estatísticas
	Tufanganj-I	Cooch Behar-II		
Sustentável	0.00	0.00	0	x^2 =16,862**

	95.00	100.00	195	
Subsistência				$(P=0,000)$ df=2
Vulnerável	5.00	0.00	5	
Total	**100**	**100**	**200**	

O quadro 6.35 mostra a alteração da vulnerabilidade às alterações climáticas entre os produtores agrícolas, por bloco. De acordo com a perceção dos produtores agrícolas nestes dois blocos, o maior número de inquiridos está no nível de subsistência da vulnerabilidade às alterações climáticas em ambos os casos e muito poucos inquiridos agrícolas no bloco Tufanganj-I estão na categoria vulnerável no que diz respeito à vulnerabilidade às alterações climáticas na agricultura. O resultado também mostra que o valor x^2 é de 16,862, o que implica que se observa uma diferença positiva e significativa no caso da vulnerabilidade às alterações climáticas na agricultura entre os produtores agrícolas do bloco Cooch Behar-II e do bloco Tufanganj-I. Os produtores agrícolas destes dois blocos são vulneráveis às alterações climáticas na agricultura. Os produtores agrícolas destes dois blocos são muito semelhantes no que respeita à dependência da atividade agrícola para a sua subsistência. Mas a perceção da vulnerabilidade às alterações climáticas na agricultura é muito diferente, uma vez que um bloco se encontra numa situação geograficamente desvantajosa e outro numa situação vantajosa. A atitude perceptiva também é diferente em dois blocos relacionados com o assunto. Os produtores agrícolas de um bloco são progressistas no caso de mobilizarem a agricultura diversificada devido à sua estreita associação com a Universidade Agrícola. Pelo contrário, os produtores agrícolas dos outros quarteirões não estão dispostos a adotar a agricultura diversificada e têm relutância em aceder aos serviços de aconselhamento agrícola da universidade agrícola, o que pode dever-se ao afastamento e ao sofrimento causado por inundações e secas consecutivas.

D. Os factores associados à vulnerabilidade às alterações climáticas na agricultura

Quadro 6.36: Coeficiente de correlação entre a segurança alimentar afetada devido às alterações climáticas (y_1) e as variáveis causais (X)

Sl. Não.	Variáveis	Coeficiente de correlação (r)
Variáveis sócio-pessoais		
1.	Idade(x_i)	0.210**
2.	Nível de instrução (X)$_2$	0.044
3.	Experiência agrícola^)	0.213**
4.	Nível de instrução da família (X)$_4$	0.144*
5.	Dimensão da família (X)$_5$	0.159*
Variáveis socioeconómicas		
6.	Rendimento anual (X)$_6$	-0.352**
7.	Despesas anuais (X)$_7$	-0.355**
8.	Exploração de terras(x_8)	0.207**
9.	Posse de utensílios agrícolas (X)$_9$	0.120
10.	Posse de potência agrícola (X)$_{10}$	0.174*
11.	Posse de material(x_n)	0.210**
Variáveis de extensão-comunicação		
12.	Participação social(x_{i2})	0.094
13.	Acesso à fonte de informação (X)$_{13}$	0.128

Variáveis sócio-psicológicas		
14.	Liderança na adoção(x_{i4})	0.054
15.	Orientação científica (X)$_{15}$	-0.024
16.	Independência(X)$_{16}$	-0.080
17.	Capacidade de assunção de riscos(X_n)	-0.024
18.	Capacidade de inovação (X)$_{18}$	-0.031
19.	Motivação económica (X)$_{19}$	0.063
20.	Orientação para a gestão(x_{20})	0.055

** Significativo ao nível de 1%, *Significativo ao nível de 5%

A Tabela 6.36 reflecte o coeficiente de correlação de Pearson entre a variável dependente, segurança alimentar com vinte variáveis causais. O resultado mostra que as variáveis, nomeadamente idade (x_1), experiência agrícola (x_3), nível de educação (x_4), tamanho da família (x_5), posse de terra (x_8), posse de energia agrícola (x_{10}) e posse de material (x_{11}) estão positiva e significativamente associadas à variável dependente, segurança alimentar afetada devido às alterações climáticas. Por outro lado, as variáveis rendimento anual (x_6) e despesas anuais (x_7) estão negativamente e significativamente associadas à variável dependente, segurança alimentar afetada devido às alterações climáticas. A segurança alimentar é um resultado do sistema alimentar que conduz ao bem-estar humano, que também está indiretamente ligado ao clima e aos ecossistemas através do sistema socioeconómico.

Idade e segurança alimentar afectadas pelas alterações climáticas

No presente estudo, a variável "idade" foi conceptualizada como a idade cronológica do inquirido. A idade do produtor agrícola é um fator essencial na tomada de decisões para a família. Um aumento da idade dos produtores agrícolas com uma menor capacidade de assumir riscos diminui a produção de alimentos, o acesso aos alimentos, a utilização dos alimentos e a estabilidade devido aos discursos das alterações climáticas e afecta inversamente a segurança alimentar das famílias, em comparação com os produtores agrícolas jovens. Uma vez que os produtores agrícolas idosos também não se podem envolver ativamente em actividades profissionais fora da exploração agrícola para garantir a segurança alimentar do agregado familiar, o aumento da idade afecta o sistema de produção e abastecimento alimentar. Espera-se que os jovens se dediquem ativamente à produção de alimentos em grande escala e empreendam empregos, paralelamente à agricultura, o que aumentará o estatuto de segurança alimentar do agregado familiar e também fará face à situação de insegurança alimentar resultante dos discursos sobre as alterações climáticas. Consequentemente, a segurança alimentar do agregado familiar com um produtor agrícola idoso é mais afetada pelos discursos sobre as alterações climáticas do que a do agregado familiar com um produtor agrícola jovem. Por conseguinte, a variável idade está positiva e significativamente associada à variável dependente, segurança alimentar afetada pelas alterações climáticas.

Experiência agrícola e segurança alimentar afectadas pelas alterações climáticas

A experiência agrícola dos produtores agrícolas reflecte a experiência antiga sobre as práticas de produção e comercialização dos produtos agrícolas. À medida que a idade aumenta, as experiências agrícolas tradicionais também aumentam. Os produtores agrícolas mais experientes não estão de todo preocupados com as estratégias de adaptação às alterações climáticas no caso de garantirem a segurança alimentar durante a era das alterações climáticas. Para além disso, os produtores mais experientes estão sempre dependentes dos caprichos e das vicissitudes do clima para garantir a alimentação da sua família. Pelo contrário, os produtores com menos experiência agrícola têm abordagens inovadoras para aprender e utilizar habilmente as tecnologias de adaptação na sua situação local para garantir a segurança alimentar, evitando o risco de alterações climáticas. Consequentemente, a variável experiência agrícola está positiva e significativamente associada à variável dependente, a segurança alimentar afetada pelas alterações climáticas.

Nível de educação das famílias e segurança alimentar afectados pelas alterações climáticas

A educação é o processo através do qual um indivíduo pode adquirir conhecimentos e utilizá-los na sua própria situação através de uma instituição académica diferente. Por outras palavras, a educação expõe as pessoas a uma variedade de situações que, por sua vez, as ajuda a sonhar com o emprego desejado. Reconhece-se que o nível de educação das famílias está associado à segurança alimentar dos agregados familiares afectados pelas alterações climáticas. É um fator determinante essencial da produção, do acesso e da utilização dos alimentos. Para além disso, a educação também proporciona oportunidades de emprego e reduz a dependência da família em relação à agricultura. Um nível mais elevado de habilitações literárias entre os membros da família influencia a produção, o acesso e a utilização inadequados de alimentos, devido a uma menor dependência da agricultura e a uma menor utilização de estratégias de adaptação para garantir a segurança alimentar, evitando o risco de as alterações climáticas afectarem a segurança alimentar da família. É por isso que a variável estatuto de educação familiar está positiva e significativamente associada à variável dependente, segurança alimentar afetada devido às alterações climáticas.

Dimensão da família e segurança alimentar afectadas devido às alterações climáticas

Por vezes, a segurança alimentar depende do tamanho da família, porque numa família grande as necessidades alimentares são sempre maiores do que numa família pequena. Um dos principais desafios entre as famílias com insegurança alimentar é a partilha de alimentos limitados entre os membros da família. O tamanho da família é um fator determinante significativo da segurança alimentar do agregado familiar. Uma família numerosa coloca um peso extra no consumo de alimentos e é mais provável que sofra de insegurança alimentar, em contraste com as famílias com uma família pequena. A estrutura do agregado familiar, o número de membros do agregado familiar, o género e a idade definem o consumo alimentar, a distribuição e as necessidades nutricionais do agregado familiar, e geralmente influenciam também a insegurança alimentar do agregado familiar. Os membros de famílias numerosas tendem a competir pelos recursos limitados disponíveis no agregado familiar. Como estratégia, as famílias numerosas tendem a consumir um volume ou uma frequência limitada de refeições, sem considerar a qualidade da dieta. Devido aos discursos sobre as alterações climáticas, a produção de alimentos também é limitada por natureza e o sistema alimentar tem uma capacidade limitada para alimentar um grande número de membros da família com alimentos restritos. É por isso que a variável dimensão da família está positiva e significativamente associada à variável dependente, segurança alimentar afetada devido às alterações climáticas.

Posse de terra, posse de poder agrícola e posse de material e segurança alimentar afectadas devido às alterações climáticas

A posse de terra, a posse de poder agrícola e a posse de material são os recursos económicos variados para o aumento da produtividade agrícola entre as comunidades rurais e estes são sempre considerados como a riqueza e o símbolo do estatuto do agregado familiar na situação local. Estes três recursos económicos são muito importantes no caso de evitar riscos a nível local, mas por vezes desempenham um papel contraditório na garantia da segurança alimentar a nível do agregado familiar. A quantidade excessiva de terras, de poder agrícola e de bens materiais cria um nível extremo de incerteza no caso da produção de culturas, da comercialização, da acessibilidade e da utilização de alimentos devido à variabilidade climática. Pelo contrário, a gestão de pequenas terras e de outros recursos económicos é muito mais fácil através da elaboração de planos de contingência para garantir a segurança alimentar, evitando o risco de alterações climáticas. É por isso que as variáveis posse de terras, posse de poder agrícola e posse de materiais estão positiva e significativamente associadas à variável dependente, segurança alimentar afetada pelas alterações climáticas. Apesar de os governos de todo o mundo terem prometido recursos e esforços para minimizar os factores que contribuem para as alterações climáticas, a fim de garantir a segurança alimentar, é preocupante que as alterações climáticas continuem a exercer dificuldades significativas em muitas comunidades rurais.

Rendimento anual, despesas anuais e segurança alimentar afectados devido às alterações climáticas

O rendimento anual e a despesa anual estão completamente inter-relacionados com a segurança alimentar afetada pelas alterações climáticas, porque se o rendimento e a despesa forem desequilibrados, toda a família enfrentará problemas de insegurança alimentar ou crise na vida. A pobreza é o principal fator subjacente que impede o acesso a uma alimentação adequada entre as famílias com baixos rendimentos. Devido ao seu baixo estatuto socioeconómico, as famílias pobres não são capazes de ter segurança alimentar e adquirir recursos suficientes. Isto torna-os vulneráveis a um acesso limitado aos alimentos, o que pode impedir ainda mais a sua redistribuição pelos membros do agregado familiar. O rendimento e as despesas anuais são, sem dúvida, os factores determinantes essenciais que influenciam a insegurança alimentar e a fome entre a população. Em comparação com os agregados familiares com rendimentos elevados, as despesas globais em alimentação são limitadas nos agregados familiares com baixos rendimentos. O rendimento anual também é considerado um fator essencial na medição do acesso aos alimentos a nível familiar e individual. O baixo rendimento anual está ligado à insegurança alimentar do agregado familiar, o que leva a más condições de vida e a uma elevada ocorrência de insegurança alimentar. O grupo com rendimentos e despesas anuais elevados pode também evitar o risco das alterações climáticas para garantir a disponibilidade, acessibilidade e utilização dos alimentos a nível do agregado familiar. Esta pode ser uma razão plausível para a associação negativa e significativa com a variável rendimento anual, despesa anual e segurança alimentar afetada pelas alterações climáticas.

Quadro 6.37: Coeficiente de correlação entre a vulnerabilidade às alterações climáticas na agricultura e as variáveis causais

Sl. Não.	Variáveis	Coeficiente de correlação (r)
Variáveis sócio-pessoais		

1.	Idade (x_i)	0.205**
2.	Nível de instrução (X)$_2$	0.359**
3.	Experiência agrícola^)	0.200**
4.	Nível de instrução da família (X)$_4$	0.346**
5.	Dimensão da família (X)$_5$	0.351**
Variáveis socioeconómicas		
6.	Rendimento anual (X)$_6$	-0.065
7.	Despesas anuais (X)$_7$	-0.074
8.	Exploração de terras(x_8)	0.007
9.	Posse de utensílios agrícolas (x_9)	0.463**
10.	Posse de energia na exploração (X)$_{10}$	0.470**
11.	Posse de material(x_{11})	0.586**
Variáveis de extensão-comunicação		
12.	Participação social (X)$_{12}$	0.380**
13.	Acesso à fonte de informação (X)$_{13}$	0.508**
Variáveis sócio-psicológicas		
14.	Liderança na adoção (X)$_{14}$	0.513**
15.	Orientação científica (X)$_{15}$	0.307**
16.	Independência(x_{16})	0.378**
17.	Capacidade de assunção de riscos (X)$_{17}$	0.276**
18.	Capacidade de inovação (X)$_{18}$	0.623**
19.	Motivação económica(x_{19})	0.240**
20.	Orientação da gestão (X)$_{20}$	-0.008

** Significativo ao nível de 1%, *Significativo ao nível de 5%

A Tabela 6.37 reflecte o coeficiente de correlação de Pearson entre a variável dependente, a vulnerabilidade às alterações climáticas na agricultura, e as variáveis causais. The result shows that the variables namely age(x_1), educational status(x_2), farming experience(x_3), family educational status (x_4), family size(x_5), agricultural implements possession (x_9), farm power(x_{10}),material possession(x_{11}), social participation(x_{12}), access to information source(x_{13}), liderança na adoção (x_{14}), orientação científica (x_{15}), independência (x_{16}), capacidade de assumir riscos (x_{17}), capacidade de inovação (x_{18}) e motivação económica (x_{19}) estão positiva e significativamente associadas à variável dependente, a vulnerabilidade às alterações climáticas na agricultura.

Idade e vulnerabilidade às alterações climáticas na agricultura

A idade, sendo o perfil da experiência, ajuda a construir a mentalidade para a perceção da mudança. Os produtores agrícolas mais velhos estão entre os que correm maior risco devido à diminuição da mobilidade resultante da idade, às alterações na fisiologia e ao acesso mais restrito aos recursos, factores que podem limitar a capacidade de adaptação e a sensibilidade e aumentar a exposição. Por conseguinte, a variável idade está positiva e significativamente associada à variável dependente, a vulnerabilidade às alterações climáticas na agricultura, de acordo com a perceção dos produtores agrícolas.

Nível de educação e vulnerabilidade às alterações climáticas na agricultura

A educação formal teve pouco a ver com as estratégias de sobrevivência dos discursos sobre as alterações climáticas. O grau mais elevado de educação formal tornou o produtor agrícola muito mais relutante em relação à vocação agrícola e cético quanto à adaptação das estratégias de vulnerabilidade às alterações climáticas na agricultura. Por conseguinte, a variável estatuto educativo está positiva e significativamente associada à variável dependente, a vulnerabilidade às alterações climáticas na agricultura, de acordo com a perceção dos produtores agrícolas.

Experiência agrícola e vulnerabilidade às alterações climáticas na agricultura

A experiência agrícola indica a experiência dos produtores agrícolas no caso de praticarem as práticas agrícolas tradicionais na sua situação local. O ceticismo tradicional e a afinidade com o convencionalismo podem ser responsáveis pela não aceitação e implementação de qualquer intervenção estratégica alterada, o que, por sua vez, aumenta o risco de vulnerabilidade na sua agricultura. Os produtores experientes são, por natureza, muito susceptíveis a mudanças. Por conseguinte, a variável experiência agrícola está positiva e significativamente associada à variável dependente, a vulnerabilidade às alterações climáticas na agricultura, de acordo com a perceção dos produtores agrícolas.

Nível de educação das famílias e vulnerabilidade às alterações climáticas na agricultura

O nível de educação da família é constituído pelo nível de educação formal dos membros da família. O elevado nível de educação formal da família motiva-a a procurar um emprego assalariado e impede-a de se dedicar à atividade agrícola. Este tipo de mentalidade relutante aumenta a vulnerabilidade das alterações climáticas na agricultura. Pelo contrário, o baixo nível de educação formal da família influencia o produtor a depender totalmente da agricultura para obter pão e manteiga. É também sugestivo que a educação informal, quando aumentou, se tornou mais meticulosa e crítica com base numa experiência prática. Por conseguinte, o nível de educação da família está positiva e significativamente associado à variável dependente, a vulnerabilidade às alterações climáticas na agricultura, de acordo com a perceção dos produtores agrícolas.

Dimensão da família e vulnerabilidade às alterações climáticas na agricultura

O tamanho da família desempenhou o papel de analisar uma situação de forma mais crítica através da visão dos membros da família. Como resultado, um maior número de membros da família sofre de indecisão, o que, por sua vez, cria o caos no caso da gestão da empresa agrícola, deixando espaço para a vulnerabilidade. Qualquer tipo de vulnerabilidade envolve choques, mudanças, ajustamentos injustificados, disposições estruturais e de gestão abruptas e é por isso que, quanto maior a dimensão da família, maior a vulnerabilidade. Por conseguinte, a variável dimensão da família está associada de forma positiva e significativa à variável dependente, a vulnerabilidade às alterações climáticas na agricultura, de acordo com a perceção dos produtores agrícolas.

Posse de utensílios agrícolas, posse de energia eléctrica, posse de materiais e vulnerabilidade às alterações climáticas na agricultura

A posse de alfaias agrícolas, a posse de energia agrícola e a posse de materiais reflectem a dotação de recursos e o símbolo do estatuto rural. Os produtores agrícolas ricos em recursos estão sempre à procura de novas tecnologias agrícolas para implementar nos seus próprios campos, mas não pensam logicamente nas tecnologias em relação ao estado de vulnerabilidade às alterações climáticas. Na presente área de estudo, os produtores agrícolas com um elevado nível de possessividade expõem-se sobretudo aos discursos sobre as alterações climáticas. Devido à falta de sensibilização para a capacidade de adaptação às alterações climáticas, são muito sensíveis à vulnerabilidade às alterações climáticas na agricultura, razão pela qual as variáveis posse de alfaias agrícolas, posse de energia agrícola e posse de materiais estão positiva e significativamente associadas à variável dependente, a vulnerabilidade às alterações climáticas na agricultura, de acordo com a perceção dos produtores agrícolas.

Participação social, acesso à fonte de informação e vulnerabilidade às alterações climáticas na agricultura

A participação social e o acesso a fontes de informação são dois factores determinantes da recolha de informação, da cosmopolitismo e do empreendedorismo. Devido a estes três resultados possíveis, os produtores agrícolas estão a expor-se a si próprios e às suas práticas agrícolas aos discursos sobre as alterações climáticas. Embora tenham desenvolvido uma mentalidade lógica para lidar com a vulnerabilidade às alterações climáticas devido à falta de capacidade de adaptação e de tecnologias de adaptação disponíveis no sistema de redes de informação, são muito sensíveis à vulnerabilidade às alterações climáticas. Por conseguinte, as variáveis participação social e acesso a fontes de informação estão positiva e significativamente associadas à variável dependente, a vulnerabilidade às alterações climáticas na agricultura, de acordo com a perceção dos produtores agrícolas.

Liderança na adoção e vulnerabilidade às alterações climáticas na agricultura

A liderança em matéria de adoção, sendo uma gestão psicológica, concentrou-se justamente na componente cognitiva e flectiva por estar associada à aceitação e à adaptação da inovação agrícola no sentido de gerar um novo estilo de vida através da melhoria económica, sem ter em conta o respeito pelo ambiente. O produtor agrícola com elevada liderança na adoção dita aos seguidores as novas práticas agrícolas, demonstrando-as no seu campo sem considerar o impacto ambiental e sem conhecer a adaptabilidade da tecnologia agrícola à vulnerabilidade às alterações climáticas. Consequentemente, a sensibilidade dos líderes de adoção em relação à vulnerabilidade às alterações climáticas é muito elevada, razão pela qual a liderança de adoção está positiva e significativamente associada à variável dependente, a vulnerabilidade às alterações climáticas na agricultura, de acordo com a perceção dos produtores agrícolas.

Orientação científica e vulnerabilidade às alterações climáticas na agricultura

A orientação científica tem sempre um impacto na criação lógica de uma mentalidade em relação a qualquer prática inovadora. O elevado nível de orientação científica entre os produtores agrícolas desenvolve a perspicácia para a adoção lógica da inovação agrícola. O avanço tecnológico na agricultura baseia-se sempre na rentabilidade económica com a ajuda de um elevado envolvimento de factores de produção externos. Os produtores agrícolas com elevada orientação científica seguem as tecnologias científicas preconizadas para maximizar o lucro sem considerar a capacidade de adoção das tecnologias em relação às alterações climáticas. Por conseguinte, a variável orientação científica está associada de forma positiva e significativa à variável dependente, a vulnerabilidade às alterações climáticas na agricultura, de acordo com a perceção dos produtores agrícolas.

Independência e vulnerabilidade às alterações climáticas na agricultura

Independência significa tomar decisões próprias em caso de adoção de uma inovação. O elevado nível de independência dos produtores agrícolas considera-os como membros autónomos da sociedade. Cultivam sempre as suas culturas sem depender de outras sugestões. Estes produtores independentes tentam sempre obter mais produtividade e rendimentos sem se preocuparem com a compatibilidade da tecnologia com as situações climáticas em mudança. Por conseguinte, os produtores agrícolas independentes estão muito mais expostos e são mais sensíveis aos discursos sobre as alterações climáticas na agricultura. É por isso que a variável independência está positiva e significativamente associada à variável dependente, a vulnerabilidade às alterações climáticas na agricultura, de acordo com a perceção dos produtores agrícolas.

Capacidade de assumir riscos e vulnerabilidade às alterações climáticas na agricultura

A capacidade de assumir riscos torna um indivíduo mais aventureiro e caprichoso. O produtor agrícola com elevada capacidade de assunção de riscos arrisca-se muito mais a aplicar a tecnologia agrícola para maximizar o lucro, sem ter em conta a natureza compatível das tecnologias agrícolas com os discursos sobre as alterações climáticas. Estes produtores agrícolas correm mais riscos para obter mais benefícios económicos sem conhecer o impacto ambiental da tecnologia. Consequentemente, os que assumem riscos são muito mais vulneráveis ao risco das alterações climáticas na agricultura. É por isso que a variável capacidade de assumir riscos está positiva e significativamente associada à variável dependente, a vulnerabilidade às alterações climáticas na agricultura, de acordo com a perceção dos produtores agrícolas.

Inovação e vulnerabilidade às alterações climáticas na agricultura

O carácter inovador implica a adoção da inovação em qualquer aspeto. O carácter inovador ajuda sempre os indivíduos a estabelecerem-se como pessoas inovadoras na sociedade. No presente estudo, os produtores agrícolas com um elevado nível de capacidade de inovação são os que mais se expõem a si próprios e à sua agricultura ao risco das alterações climáticas, uma vez que a sua agricultura depende sobretudo de factores de produção externos de elevado valor e de elevado valor. Consequentemente, a sua agricultura é mais sensível à vulnerabilidade às alterações climáticas. É por isso que a variável inovação está positiva e significativamente associada à variável dependente, a vulnerabilidade às alterações climáticas na agricultura, de acordo com a perceção dos produtores agrícolas.

Motivação económica e vulnerabilidade às alterações climáticas na agricultura

A motivação económica é a força motriz de um indivíduo para atingir o nível mais elevado de lucro económico de uma empresa. Os produtores agrícolas com elevada motivação económica implementam sempre práticas agrícolas que devem ter um elevado nível de lucro económico sem considerar o seu impacto negativo no ambiente. O seu processo de pensamento está sempre em torno do aumento da rentabilidade da exploração agrícola sem assumir o risco das alterações climáticas. Consequentemente, estão muito mais expostos e são mais sensíveis à vulnerabilidade das alterações climáticas na agricultura. É por isso que a variável motivação económica está positiva e significativamente associada à variável dependente, a vulnerabilidade às alterações climáticas na agricultura, de acordo com a perceção dos produtores agrícolas.

Quadro 6.38: Análise de regressão múltipla entre a segurança alimentar afetada devido às alterações climáticas (y_1) e as variáveis preditoras (X)

Variáveis	Coeficiente de regressão normalizado (P)	Coeficiente de regressão não padronizado (b)	Padrão Erro de b	valor t

Variáveis sócio-pessoais				
Idade (x_i)	0.035	0.010	0.051	0.188
Nível de instrução (X)$_2$	0.045	0.075	0.162	0.462
Experiência agrícola (X)$_3$	0.082	0.022	0.151	0.441
Nível de instrução da família (x_4)	0.029	0.080	0.267	0.300
Tamanho da família (x_5)	0.036	0.094	0.209	0.452
Variáveis socioeconómicas				
Rendimento anual (x_6)	0.227	0.121	0.247	0.488
Despesas anuais (x_7)	-0.557	-0.375	0.313	-1.199
Exploração de terras(x_8)	0.161	0.539	0.232	2.322*
Complementos agrícolas posse (X)$_9$	0.032	0.029	0.081	0.364
Posse de energia na exploração (X)$_{10}$	0.024	0.018	0.064	0.273
Posse material(x_{ii})	0.246	0.566	0.233	2.428**
Variáveis de extensão-comunicação				
Participação social (X)$_{12}$	0.023	0.047	0.163	0.286
Acesso à fonte de informação (x_{13})	0.011	0.019	0.159	0.122
Variáveis sócio-psicológicas				
Liderança na adoção(x_{i4})	0.167	0.302	0.185	1.627
Orientação científica (x_{i5})	-0.013	-0.011	0.083	-0.134
Independência(X)$_{16}$	-0.143	-0.139	0.098	-1.424
Capacidade de assumir riscos (x_{i7})	0.009	0.009	0.087	-0.104
Capacidade de inovação (x_{i8})	-0.290	-0.285	0.103	-2.782**
Motivação económica (X)$_{19}$	0.020	0.23	0.095	0.244
Orientação da gestão (X)$_{20}$	0.123	0.44	0.044	1.715

** Significativo ao nível de 1%, *Significativo ao nível de 5%

R^2 =0,290

A partir do quadro 6.38, observa-se que a variável inovação (x_{18}) contribui negativa e significativamente para a caraterização da variável dependente, a segurança alimentar afetada devido às alterações climáticas, enquanto outras duas variáveis, nomeadamente a propriedade fundiária (x_8) e a posse de materiais (x_{11}), contribuem positiva e significativamente para a caraterização das variáveis dependentes, a segurança alimentar afetada devido às alterações climáticas. É percetível que a variável despesa anual exerceu o maior efeito direto no caso da caraterização da variável prevista, a segurança alimentar afetada devido às alterações climáticas.

Inovação e segurança alimentar afectadas pelas alterações climáticas

A capacidade de inovação influencia um indivíduo na adoção de inovação em qualquer área prospetiva. A inovatividade ajuda sempre o indivíduo a tomar conta de diferentes inovações a implementar na exploração agrícola para aumentar a rentabilidade, sem conhecer a capacidade de adaptação do indivíduo no caso de lidar com os discursos sobre as alterações climáticas que podem prejudicar a segurança alimentar do agregado familiar. No presente estudo, os produtores agrícolas com um elevado nível de capacidade de inovação expõem-se a si próprios e à sua agricultura a um grande risco de alterações climáticas. Mas eles podem lidar com a vulnerabilidade às alterações climáticas com a ajuda da sua capacidade de inovação, aplicando as medidas adaptativas de contingência que levam a restringir a insegurança alimentar nos seus agregados familiares, na presença de outros factores sociais que podem criar um ambiente propício para o mesmo. Por esta razão, a variável capacidade de inovação contribui negativa e significativamente para caraterizar a variável dependente, a segurança alimentar afetada pelas alterações climáticas, de acordo com a perceção dos produtores agrícolas. Uma variação unitária da variável inovatividade delineia uma variação de 0,285 unidades na variável prevista, segurança alimentar afetada pelas alterações climáticas. A variável inovatividade contribui diretamente com 29,00% no caso da caraterização da segurança alimentar afetada pelas alterações climáticas.

Propriedade fundiária e segurança alimentar afectadas pelas alterações climáticas

A propriedade fundiária reflecte a dotação de recursos fundiários e a progressividade da sociedade. Os produtores agrícolas ricos em recursos fundiários estão sempre em busca de tecnologias agrícolas prescritivas a implementar nos seus próprios campos para aumentar a sua rentabilidade na exploração agrícola, mas não pensam logicamente nas tecnologias para fazer face à situação em que a segurança alimentar é afetada pelos discursos sobre as alterações climáticas na agricultura. Na presente área de estudo, os produtores agrícolas com mais recursos de capital fundiário expõem-se sobretudo aos discursos sobre as alterações climáticas de forma vulnerável e, devido à falta de sensibilização para as intervenções tecnológicas adaptativas contra as alterações climáticas, são muito sensíveis à vulnerabilidade das alterações climáticas na agricultura, que se traduz em insegurança alimentar. Consequentemente, a variável propriedade fundiária contribui positiva e significativamente para caraterizar a variável dependente, a segurança alimentar afetada pelas alterações climáticas de acordo com a perceção dos produtores agrícolas. Além disso, uma alteração unitária da variável propriedade fundiária está a delinear a alteração unitária de 0,539 na variável prevista. A variável propriedade fundiária contribui diretamente com 16,10% no caso da caraterização da variável dependente, segurança alimentar afetada pelas alterações climáticas.

Posse material e segurança alimentar afectadas devido às alterações climáticas

A riqueza de recursos reflecte-se na posse de materiais no nicho social rural. Os produtores agrícolas com um elevado nível de posse material estão sempre a tentar tornar as suas explorações rentáveis. Mas este tipo de motivação prejudica sempre a situação e reduz drasticamente a produtividade devido aos discursos sobre as alterações climáticas e as calamidades naturais. Não possuem os conhecimentos e a sensibilização necessários para se livrarem das vulnerabilidades às alterações climáticas através de estratégias de adaptação. Pelo contrário, os produtores agrícolas com poucos recursos estão a dar a devida importância ao risco climático e tentam sempre adotar uma estratégia de adaptação para fazer face à vulnerabilidade às alterações climáticas. Consequentemente, a variável posse de materiais contribui significativa e positivamente para a caraterização da variável prevista, a segurança alimentar afetada pelas alterações climáticas. Além disso, uma alteração unitária da variável posse de materiais está a delinear a alteração unitária de 0,566 na variável prevista. A variável posse de materiais contribui diretamente com

24,60% para a caraterização da variável dependente, a segurança alimentar afetada pelas alterações climáticas.

O valor de R^2 sendo 0,290, é de inferir que as vinte variáveis preditoras juntas explicaram 29,00% da variação incorporada na variável prevista, segurança alimentar afetada devido às alterações climáticas. Ainda assim, setenta e um por cento da variação incorporada na variável prevista permanece inexplicada. Assim, sugere-se que a inclusão de mais algumas variáveis contextuais com influência direta na segurança alimentar afetada devido às alterações climáticas poderia ter aumentado o nível de explicabilidade.

Quadro 6.39: Análise de regressão múltipla entre a vulnerabilidade às alterações climáticas na agricultura (y_2) e as variáveis de previsão (X)

Variáveis	Coeficiente de regressão padronizado (P)	Coeficiente de regressão não padronizado (b)	Padrão Erro de b	valor t
Variáveis sócio-pessoais				
Idade (x_i)	0.053	0.031	0.081	0.379*
Estatuto académico(x_2)	0.149	0.526	0.256	2.059
Experiência agrícola (X)$_3$	0.083	0.048	0.080	0.603
Nível de instrução da família (X)$_4$	0.059	0.341	0.420	0.812
Tamanho da família (x_5)	0.127	0.714	0.329	2.174*
Variáveis socioeconómicas				
Rendimento anual (x_6)	0.098	0.111	0.389	0.286
Despesas anuais^)	-0.150	-0.214	0.492	-0.435
Exploração de terras(x_8)	-0.067	-0.479	0.365	-1.310
Complementos agrícolas posse (x_9)	0.056	0.108	0.127	0.848
Posse de energia na exploração (X)$_{10}$	0.080	0.127	0.101	1.253
Posse de material(x_{11})	0.181	0.885	0.367	2.412**
Variáveis de extensão-comunicação				
Participação social(x_{12})	0.020	0.085	0.257	0.329
Acesso à fonte de informação (x_{13})	0.088	0.344	0.250	1.336
Variáveis sócio-psicológicas				
Liderança na adoção (X)$_{14}$	0.136	0.522	0.292	1.790
Orientação científica (x_{15})	-0.055	-0.103	0.130	-0.789
Independência(x_{16})	0.033	0.068	0.154	0.440
Capacidade de assunção de riscos (X)$_{17}$	-0.092	-0.188	0.137	-1.371
Capacidade de inovação (x_{18})	0.338	0.706	0.161	4.371**
Motivação económica(x_{19})	-0.052	-0.126	0.149	-0.841
Orientação da gestão (X)$_{20}$	0.137	-0.103	0.040	-2.585**

** Significativo ao nível de 1%, *Significativo ao nível de 5% R^2 **=0,609**

A partir do quadro 6.39, *observa-se* que a variável orientação para a gestão (x_{20}) contribui significativa e negativamente para a caraterização da variável prevista, a vulnerabilidade às alterações climáticas na agricultura, enquanto outras quatro variáveis, nomeadamente a idade (x_1), a dimensão da família (x_5), a posse de materiais (x_{11}) e a capacidade de inovação (x_{18}), contribuem significativa e positivamente para a caraterização da variável prevista, a vulnerabilidade às alterações climáticas na agricultura. É também percetível que a variável capacidade de inovação exerceu o efeito direto mais elevado no caso da caraterização da variável prevista, a vulnerabilidade às alterações climáticas na agricultura.

Orientação da gestão e vulnerabilidade às alterações climáticas na agricultura

A orientação para a gestão é uma componente comportamental de um indivíduo que o ajuda a lidar com as incertezas num curto espaço de tempo através da sua presença de espírito, estratégia de contingência e capacidade de gestão. Os produtores agrícolas com um elevado nível de orientação para a gestão podem estar expostos a um grande nível de risco relacionado com a sua empresa agrícola devido às alterações climáticas, mas a sua eficiência de gestão, a sua presença de espírito e a sua capacidade de adaptar a estratégia para evitar o risco das alterações climáticas podem criar um ambiente propício ao desenvolvimento de um elevado nível de capacidade de adaptação e de um baixo nível de sensibilidade aos discursos sobre as alterações climáticas na agricultura. Consequentemente, esses produtores agrícolas não enfrentam qualquer dificuldade ou vulnerabilidade devido às alterações climáticas na agricultura. É por isso que a variável orientação da gestão contribui negativa e significativamente para a caraterização da variável prevista, a vulnerabilidade às alterações climáticas na agricultura. Além disso, uma alteração unitária da variável orientação da gestão está a delinear a alteração unitária de 0,103 na variável prevista. A variável orientação para a gestão contribui diretamente com 13,70% no caso da caraterização da variável prevista, a vulnerabilidade às alterações climáticas na agricultura.

Idade e vulnerabilidade às alterações climáticas na agricultura

A idade é o reflexo da acumulação de experiências por um indivíduo. Uma vez que os produtores agrícolas idosos também não podem participar ativamente em actividades agrícolas e não agrícolas para assegurar as estratégias de adaptação para evitar os riscos climáticos, os produtores agrícolas são muito mais vulneráveis às alterações climáticas na agricultura. Além disso, os produtores agrícolas idosos estão sobretudo associados às práticas agrícolas tradicionais e dependem dos caprichos e dos imprevistos do tempo para a realização das actividades agrícolas. São incapazes de aprender sobre as estratégias tecnológicas de sobrevivência para evitar o risco das alterações climáticas na agricultura. Pelo contrário, espera-se que os jovens produtores agrícolas se envolvam ativamente num sistema agrícola em grande escala para o tornar mais rentável através da introdução de tecnologias adaptativas para evitar o risco das alterações climáticas na agricultura. Por conseguinte, a variável idade contribui de forma positiva e significativa para caraterizar a variável prevista, a vulnerabilidade às alterações climáticas na agricultura. Além disso, uma alteração unitária da variável idade está a delinear a alteração unitária de 0,031 na variável prevista. A variável idade contribui diretamente com 5,30% no caso da caraterização da variável prevista, a vulnerabilidade às alterações climáticas na agricultura.

Dimensão da família e vulnerabilidade às alterações climáticas na agricultura

A dimensão da família ajuda a desempenhar o papel crítico de analisar uma situação de forma realista através da perceção dos membros da família. Um maior número de membros da família dos produtores agrícolas cria sempre uma situação desigual para a tomada de decisões uniformes e adequadas no domínio da agricultura em situações de alterações climáticas. A indecisão em relação à estratégia de adaptação às alterações climáticas na agricultura deixa espaço para a vulnerabilidade. Pelo contrário, o pequeno produtor agrícola familiar pode tomar uma decisão imediata para aplicar a estratégia de adaptação para evitar os riscos climáticos na agricultura. Por conseguinte, a variável dimensão da família contribui de forma positiva e significativa para caraterizar a variável prevista, a vulnerabilidade às alterações climáticas na agricultura. Além disso, uma alteração unitária da variável dimensão da família está a delinear a alteração unitária de 0,714 na variável prevista. A variável dimensão da família contribui diretamente com 12,70% no caso da caraterização da variável prevista, a vulnerabilidade às alterações climáticas na agricultura.

Posse de materiais e vulnerabilidade às alterações climáticas na agricultura

A posse de material reflecte a riqueza económica de um indivíduo a partir da sua empresa associada. Os produtores agrícolas com elevada posse material implementam sempre as práticas agrícolas que devem ter um elevado nível de lucro económico sem considerar o seu impacto negativo no ambiente, o que leva a discursos sobre as alterações climáticas na exploração agrícola. Consequentemente, estão muito mais expostos e são mais sensíveis à vulnerabilidade às alterações climáticas na agricultura. É por isso que a variável posse de materiais contribui positiva e significativamente para caraterizar a variável prevista, a vulnerabilidade às alterações climáticas na agricultura. Além disso, uma variação unitária da variável posse de materiais está a delinear a variação unitária de 0,885 na variável prevista. A variável posse de materiais contribui diretamente com 18,10% para a caraterização da variável prevista, a vulnerabilidade às alterações climáticas na agricultura.

Inovação e vulnerabilidade às alterações climáticas na agricultura

A inovação tem sempre origem na capacidade de inovação de um indivíduo. A inovação e a capacidade de inovação são sempre necessárias para sustentar qualquer empresa. O elevado nível de inovação obriga, por vezes, os produtores agrícolas a adotar tecnologias inovadoras prescritas para serem aplicadas nas suas explorações sem conhecerem o impacto da tecnologia no ambiente. Os inovadores também não estão bem informados sobre o conhecimento adequado das tecnologias. Assim, este tipo de situação prejudica a produtividade agrícola e a rendibilidade da exploração devido a uma maior exposição e sensibilidade ao risco das alterações climáticas na agricultura. Também não podem desenvolver qualquer plano de contingência ou estratégia de fuga para evitar o risco de alterações climáticas nas explorações agrícolas e tornam-se vulneráveis às alterações climáticas de dia para dia. É por isso que a variável inovatividade contribui de forma positiva e significativa para caraterizar a variável prevista, a vulnerabilidade às alterações climáticas na agricultura. Além disso, uma variação unitária da variável inovatividade está a delinear a variação unitária de 0,706 na variável prevista. A variável inovatividade contribui diretamente com 33,80% para a caraterização da variável prevista, a vulnerabilidade às alterações climáticas na agricultura.

O valor de R^2 sendo 0,609, é de inferir que as vinte variáveis preditoras em conjunto explicaram 60,90% da variação incorporada na variável prevista, a vulnerabilidade às alterações climáticas na agricultura. Ainda assim, 39,10% das variáveis incorporadas na variável prevista permanecem inexplicadas. Assim, sugere-se que a inclusão de mais algumas variáveis contextuais com influência direta na vulnerabilidade às alterações climáticas na agricultura poderia ter aumentado o nível de explicabilidade.

Quadro 6.40: Teste de independência do qui-quadrado para a segurança alimentar afetada pelas alterações climáticas e a vulnerabilidade às alterações climáticas na agricultura com diferentes variáveis causais

Variáveis	Segurança alimentar afetada devido às alterações climáticas x^2 жValor	Alterações climáticas vulnerabilidade na agricultura x^2 жValor
Variáveis sócio-pessoais		
Idade (x_1)	4.201	6.152
Estatuto académico(x_2)	19.787*	13.236
Experiência agrícola (X)$_3$	3.887	6.356
Nível de instrução da família (x_4)	16.703**	2.606
Tamanho da família (x_5)	15.464**	3.185
Variáveis socioeconómicas		
Rendimento anual (x_6)	21.558**	4.731
Despesas anuais^)	20.632**	1.382
Exploração de terras(x_8)	11.791*	2.299
Complementos agrícolas posse (x_9)	9.082*	7.967
Posse de energia na exploração (X)$_{10}$	10.010*	6.372
Posse de material(x_{11})	17.635**	13.364**
Extensão-comunicação varia	**Malha**	
Participação social (X)$_{12}$	5.396	1.421
Acesso à fonte de informação (x_{13})	15.572**	2.708
Variáveis sócio-psicológicas		
Liderança na adoção (X)$_{14}$	3.974	10.615*
Orientação científica (x_{15})	3.477	6.942
Independência(x_{16})	4.184	16.478**
Capacidade de assunção de riscos (X)$_{17}$	6.809	10.841*
Capacidade de inovação (x_{18})	3.057	11.372*
Motivação económica(x_{19})	4.779	1.132
Orientação da gestão (X)$_{20}$	8.082	36.420**

** Significativo ao nível de 1%, *Significativo ao nível de 5%

A Tabela 6.40 reflecte a relação significativa das variáveis causais e consequentes através do teste não-paramétrico do qui-quadrado de independência. O valor do qui-quadrado das variáveis, nomeadamente o nível de instrução (x_2), a posse de terra (x_8), a posse de alfaias agrícolas (x_9) e a posse de energia eléctrica (x_{10}), são significativos com a segurança alimentar afetada pelas alterações climáticas ao nível de significância de 5%. O valor do qui-quadrado das variáveis, nomeadamente o nível de instrução da família (x_4), a dimensão da família (x_5), o rendimento anual (x_6), as despesas anuais (x_7), a posse de materiais (x_{11}) e o acesso a fontes de informação (x_{13}), são significativos para a segurança alimentar afetada pelas alterações climáticas ao nível de significância de 1%. O valor do qui-quadrado das variáveis, nomeadamente liderança na adoção (x_{14}), capacidade de assumir riscos (x_{17}) e capacidade de inovação (x_{18}), está significativamente relacionado com a vulnerabilidade às alterações climáticas na agricultura, com um nível de significância de 5%. O valor do qui-quadrado das variáveis, nomeadamente a posse de materiais (x_{11}), a independência (x_{16}) e a orientação para a gestão (x_{2o}), é significativo em relação à vulnerabilidade às alterações climáticas na agricultura, com um nível de significância de 1%.

As razões para a relação causa-efeito já foram discutidas na análise do quadro 6.35 e do quadro 6.36.

Quadro 6.41: Análise fatorial das variáveis através da análise de componentes principais no caso da segurança alimentar afetada pelas alterações climáticas e da vulnerabilidade às alterações climáticas na agricultura

Fator	Variável	Carga do fator	Valor próprio	%de Desvio	Acumulada %de variação	Mudar o nome
I	Liderança na adoção(x_{14})	0.668	5.820	29.102	29.102	Competência psicológica
	Científico orientação$(X)_{15}$	0.710				
	Independência$(X)_{16}$	0.741				
	Capacidade de assumir riscos (x_{17})	0.761				
	Capacidade de inovação $(X)_{18}$	0.564				
	Económico motivação(x_{19})	0.752				
II	Posse de implementos agrícolas (x_9)	0.718	2.469	12.345	41.447	Afluência económica
	Posse de energia na quinta (x_{10})	0.750				
	Material posse(Xn)	0.760				
	Social participação$(X)_{12}$	0.602				
	Acesso à fonte de informação (x_{13})	0.644				
III	Idade(x_1)	0.951	2.392	11.958	53.405	Pessoal experiência
	Agricultura Experiência(x_3)	0.955				
IV	Rendimento anual $(X)_6$	0.972	1.376	6.882	60.287	Financeiro

	Despesas anuais (x_7)	0.973				eficácia
V	Estatuto académico(x_2)	0.822	1.147	5.735	66.022	**Educação exposição**
	FamíliaEducação estado (X)$_4$	0.835				
	Exploração de terras(x_8)	0.508				
VI	Tamanho da família (x_5)	0.622	1.080	5.398	71.420	**Capacidade de gestão**
	Orientação para a gestão(x_{20})	-0.727				

Cargas factoriais>0,500

O Quadro 6.41 apresenta a análise fatorial das variáveis através da análise de componentes principais no caso da segurança alimentar afetada pelas alterações climáticas e da vulnerabilidade às alterações climáticas na agricultura. A análise fatorial é um método muito útil e popular de técnica de investigação multivariada. A análise fatorial procura resolver um grande conjunto de variáveis medidas em termos de relativamente poucas categorias, conhecidas como factores. O presente quadro apresenta as cargas factoriais para mostrar as variáveis em estreita interdependência e comunalidade, a fim de mostrar quanto de cada variável é explicado pelos factores subjacentes considerados em conjunto. O quadro mostra que os seis factores entre as variáveis foram isolados no presente estudo.

O Fator I, que incluía as seguintes variáveis: **liderança de adoção, orientação científica, independência, capacidade de assumir riscos, capacidade de inovação e motivação económica,** causou 29,10% da variação neste estudo. Assim, este fator apresentou um domínio inquestionável sobre os outros e pode ser renomeado como **fator de competência psicológica.**

O Fator II incluía as variáveis **posse de alfaias agrícolas, posse de energia eléctrica, posse de materiais, participação social e acesso à fonte de informação,** pelo que poderia ser agrupado num único fator e designado por **Fator estima social.**

O fator III incluía as variáveis **idade e experiência agrícola** e, por conseguinte, podia ser agrupado num único fator e ser renomeado como **fator Experiência pessoal.**

O fator IV incluía as variáveis **rendimento anual e despesa anual** e, por conseguinte, podia ser agrupado num único fator e ser renomeado como **fator de eficácia financeira.**

O fator V incluía as variáveis estatuto educativo, estatuto educativo da família e propriedade fundiária, pelo que podia ser agrupado num único fator e designado por **fator de exposição educativa.**

O fator VI incluía as variáveis **dimensão da família e orientação para a gestão** e, por conseguinte, poderia ser agrupado num único fator e ser renomeado como **fator de capacidade de gestão.**

E. A intervenção estratégica de extensão existente para fazer face à vulnerabilidade às alterações climáticas na agricultura, a fim de garantir a segurança alimentar

Antes de abordar a intervenção estratégica de extensão existente para evitar a vulnerabilidade às alterações climáticas na agricultura, a fim de garantir a segurança alimentar, alguns dos desafios devem ser bem conhecidos pelos investigadores. Os investigadores identificaram os seguintes desafios na área de estudo, que são prevalecentes devido à vulnerabilidade às alterações climáticas na agricultura, levando à insegurança alimentar.

Tabela 6.42: Desafios enfrentados pelo agregado familiar devido à vulnerabilidade às alterações climáticas na agricultura, levando à insegurança alimentar

Sl. Não.	Desafios	RBQ (%)	Classificação
1.	As crianças abandonam a escola em consequência da escassez de alimentos, uma vez que não podem ir para a escola com o estômago vazio e passam o tempo à procura de alimentos.	49.93	V
2.	As crianças só vão à escola para tomar uma refeição a meio do dia.	65.00	III
3.	A migração dos agricultores afasta as crianças dos seus direitos educativos.	30.93	VII
4.	Devido à situação económica precária de uma família, as crianças são retiradas da escola e obrigadas a gerar rendimentos para a família.	79.43	I
5.	As calamidades sazonais, tais como inundações, ciclones, desmoronamento de casas/estradas/pontes, etc., impedem que as crianças tenham direito à educação.	41.21	VI
6.	Numa zona rural, as escolas continuam a ser utilizadas como casas para as vítimas em caso de calamidades naturais ou catástrofes	62.93	IV
	fechado por mais tempo efeitos da aprendizagem das crianças.		
7.	As doenças transmitidas pela água, o aumento da temperatura, a poluição do ar, o frio intenso e a má qualidade dos alimentos provocam doenças que impedem as crianças de frequentar a escola.	70.86	II

A Tabela 6.42 mostra os desafios associados ao agregado familiar relacionados com a perspetiva educacional que é muito alarmante e precisa de atenção imediata. Estes desafios percebidos pelos produtores agrícolas estão relacionados com o nível de escolaridade dos membros da família, o desenvolvimento devido à vulnerabilidade das alterações climáticas na agricultura. O primeiro e mais importante desafio é a incapacidade dos produtores agrícolas de enviar as crianças para a escola e forçá-las a gerar rendimentos para a família devido às más condições económicas que se desenvolvem devido à vulnerabilidade das alterações climáticas na agricultura. Este desafio é realmente digno de nota e, por isso, a vulnerabilidade às alterações climáticas tem um impacto direto no ensino básico e nos valores e direitos sociais. O aumento do nível de doenças transmitidas pela água, a temperatura, a poluição do ar, o frio intenso e a má qualidade dos alimentos, bem como a doença das crianças, respetivamente, também estão a ter impacto na qualidade de vida social devido à vulnerabilidade das alterações climáticas na agricultura e na segurança alimentar. Neste tipo de alimentação em situação de segurança, as crianças vão à escola apenas pela comida fornecida pela refeição do meio-dia, e não por uma questão de educação. Este desafio está a deteriorar diretamente o sistema educativo formal e as estruturas sociais devido à vulnerabilidade às alterações climáticas e à insegurança alimentar, o que exige uma atenção imediata para o desenvolvimento educativo, social e económico.

Extensão existente Intervenções estratégicas

Quadro 6.43: As várias intervenções estratégicas de extensão existentes adoptadas pelos produtores agrícolas para evitar a vulnerabilidade às alterações climáticas na agricultura e garantir a segurança alimentar

Sl. Não.	Extensão Intervenções estratégicas	RBQ (%)	Classificação
1.	Sensibilização para a utilização de subsídios na agricultura	86.03	II
2.	Desenvolvimento de conhecimentos sobre meios de subsistência alternativos	82.05	V
3.	Reforço das capacidades em matéria de sistemas agrícolas integrados	84.48	III
4.	Sensibilização para a restrição da utilização de lenha	62.89	XI
5.	Reforço das capacidades em matéria de desenvolvimento do espírito empresarial	54.83	XIV
6.	Reforço das capacidades em matéria de ligação ao mercado	56.81	XIII
7.	Reforço das capacidades em matéria de agricultura de conservação	70.73	VIII
8.	Reforço das capacidades de gestão eficaz das culturas resistentes ao clima	83.86	IV
9.	Sensibilização para a concessão de benefícios no âmbito de diferentes regimes relacionados com a agricultura e sectores conexos	80.89	VII
10.	Reforço das capacidades em matéria de sistemas de culturas diversificadas	81.92	VI
11.	Reforço das capacidades em matéria de iniciativas agrícolas resistentes às alterações climáticas	88.94	I
12.	Sensibilização para a criação de animais de raças melhoradas do que as locais	63.81	X
13.	Sensibilização para a vacinação atempada dos animais de criação e das aves de capoeira	66.88	IX
14.	Sensibilização para a criação higiénica de animais	54.69	XV
15.	Reforço das capacidades em matéria de preparação de alimentos para animais como nutrientes suplementares	59.78	XII

O Quadro 6.43 apresenta as intervenções estratégicas de extensão existentes adoptadas pelos produtores agrícolas para evitar a vulnerabilidade às alterações climáticas na agricultura e garantir a segurança alimentar. A natureza global do problema, a vulnerabilidade às mudanças climáticas na agricultura está a colocar uma séria preocupação relacionada com os impactos catastróficos e a imprevisibilidade do seu impacto na segurança alimentar. No presente estudo, algumas das intervenções estratégicas de extensão existentes são identificadas e priorizadas. A primeira intervenção estratégica de extensão identificada pelo estudo é a capacitação em iniciativas agrícolas resistentes ao clima, de acordo com a perceção dos produtores agrícolas. A agricultura é uma área mutuamente exclusiva da atividade humana em risco devido às alterações climáticas, bem como um motor das alterações climáticas e ambientais. Para atenuar alguns dos desafios complexos colocados pelas alterações climáticas, a agricultura tem de se tornar "inteligente em termos climáticos". Esta ajuda a aumentar de forma sustentável a produtividade e os rendimentos agrícolas, a adaptar-se às alterações climáticas e a criar resistência às mesmas. Em suma, os sistemas agrícolas têm de se tornar mais eficientes, utilizando menos terra, água e factores de produção externos para produzir mais alimentos de forma sustentável e, juntamente com os produtores agrícolas que os gerem, ser mais resistentes às mudanças, ameaças e choques. A segunda intervenção estratégica prioritária da extensão é a consciencialização sobre o uso de subsídios na agricultura. Os produtores agrícolas nesta área de estudo são muito dependentes dos subsídios agrícolas. Para fazer face à vulnerabilidade da mudança climática na agricultura, os produtores dependem sempre dos subsídios acedidos através de diferentes esquemas governamentais, como o seguro de colheitas, o cartão de crédito Kisan, o fundo de alívio de catástrofes, etc. Por esta razão, de acordo com a perceção dos produtores agrícolas, a campanha de sensibilização sobre os subsídios agrícolas é uma extensão importante das intervenções estratégicas existentes para evitar a vulnerabilidade das alterações climáticas na agricultura, a fim de garantir a segurança alimentar. A terceira intervenção estratégica de extensão importante é o reforço das capacidades em matéria de sistemas agrícolas integrados. Segundo eles, o sistema agrícola integrado é uma estratégia potencial para evitar a vulnerabilidade às alterações climáticas e garantir a segurança alimentar. No sistema agrícola integrado, a doença de uma empresa devido à vulnerabilidade às alterações climáticas pode ser estabilizada pelos ganhos de outras empresas para garantir a segurança alimentar. Diferentes instituições governamentais e não governamentais estão a promover sistemas agrícolas integrados em grande escala na área de estudo e a realizar programas de capacitação para desenvolver as competências dos produtores agrícolas em sistemas agrícolas integrados. Os produtores agrícolas também estão a expor-se a estes programas de capacitação em sistemas agrícolas integrados e, de acordo com a sua perceção, esta é uma extensão potencial da intervenção estratégica para evitar a vulnerabilidade às alterações climáticas na agricultura, a fim de garantir a segurança alimentar nesta região. As outras intervenções estratégicas de extensão prioritárias existentes para evitar a vulnerabilidade às alterações climáticas e garantir a segurança alimentar, segundo a perceção dos produtores agrícolas desta região, são o reforço das capacidades de gestão eficaz das culturas resistentes ao clima, o desenvolvimento de conhecimentos sobre meios de subsistência alternativos, o reforço das capacidades em matéria de sistemas de cultivo diversificados, a sensibilização para a concessão de benefícios de diferentes regimes relacionados com a agricultura e sectores conexos, o reforço das capacidades em matéria de agricultura de conservação, o reforço da sensibilização para a vacinação atempada dos animais e das aves de capoeira, a sensibilização para a reutilização de produtos agrícolas e para a criação de gado. aves de capoeira, sensibilização para a criação de animais de raça melhorada do que a local, sensibilização para a restrição da utilização de lenha, reforço das capacidades em matéria de alimentação como preparação suplementar de nutrientes, reforço das capacidades em matéria de ligação ao mercado, reforço das capacidades em matéria de desenvolvimento do espírito empresarial e sensibilização para a criação higiénica de animais.

Métodos de extensão existentes

Tabela 6.44: Os vários métodos de extensão existentes preferidos pelos produtores agrícolas para evitar a vulnerabilidade às alterações climáticas na agricultura para garantir a segurança alimentar

Sl. Não.	Método de extensão	RBQ (%)	Classificação
1.	Demonstração do método	59.93	IV
2.	Formação	38.37	IX
3.	Dia de campo	43.73	VIII
4.	Campanha de sensibilização	65.20	III
5.	Discussão em grupo	72.53	I
6.	Reunião de grupo	66.10	II
7.	Mostra de filmes	30.30	X
8.	Visionamento de programas de televisão relacionados com a agricultura	52.93	VI
9.	Visitar comerciantes de factores de produção/agricultores progressistas	49.77	VII
10.	Chamada telefónica	58.70	V

A Tabela 6.44 apresenta os vários métodos de extensão existentes preferidos pelos produtores agrícolas para evitar a vulnerabilidade às mudanças climáticas na agricultura para garantir a segurança alimentar. O resultado mostra que os produtores agrícolas preferem principalmente o método de extensão, nomeadamente a discussão em grupo, para conhecer e mobilizar a tecnologia estratégica de adaptação para evitar a vulnerabilidade às alterações climáticas na agricultura para garantir a segurança alimentar. O método de discussão em grupo é preferido porque assegura a participação de todos os membros e dá a devida importância aos diversos pontos de vista dos participantes, pode procurar opiniões de peritos e assegura um elevado grau de envolvimento e compromisso. O próximo método de extensão preferido é a reunião de grupo, uma vez que assegura uma melhor comunicação, uma melhor colaboração e uma melhor gestão do tempo. O terceiro método de extensão preferido é uma campanha de sensibilização, uma vez que motiva a tomada de medidas imediatas, aumenta os conhecimentos e desenvolve ligações. Os outros métodos de extensão preferidos para evitar a vulnerabilidade às alterações climáticas na agricultura, a fim de garantir a segurança alimentar, de acordo com a prioridade dos produtores agrícolas, são a demonstração de métodos, o telefonema, a visualização de programas de televisão relacionados com a agricultura, a visita a comerciantes de factores de produção/agricultores progressistas, o dia de campo, a formação e a projeção de filmes.

F. Sugestão sobre a estratégia de extensão reformada para evitar a vulnerabilidade às alterações climáticas na agricultura, a fim de garantir a segurança alimentar para implicações futuras

As estratégias de extensão são uma série de intervenções comunicativas integradas que supostamente ajudam a resolver problemas associados a uma determinada situação e perspetiva. Na situação atual, a estratégia de extensão tem que acomodar a questão das mudanças climáticas nas suas responsabilidades. No entanto, para se obterem resultados, há necessidade de uma mudança nos papéis e na capacidade do sistema de extensão de modo a acomodar as novas dimensões trazidas pelas mudanças climáticas. As três formas, nomeadamente as tecnologias e a informação de gestão, o desenvolvimento de capacidades, a facilitação e a implementação de políticas e programas em que a estratégia de extensão pode desempenhar um papel central na adaptação às estratégias de mudança climática. No presente estudo, as intervenções estratégicas de extensão existentes são identificadas, mas as intervenções não são de todo provas cabais para proporcionar um ambiente propício para evitar o risco das alterações climáticas na agricultura. Assim, é necessário reformar a estratégia de extensão para evitar a vulnerabilidade à mudança climática na agricultura e garantir a segurança alimentar. É necessário sugerir uma estratégia de extensão reformada para o efeito. A única estratégia de extensão não está a ir bem com a solução da questão global como as alterações climáticas na agricultura, pelo que é necessário integrar as estratégias de extensão existentes para desenvolver e sugerir uma estratégia de extensão reformada para evitar os riscos climáticos na agricultura. A estratégia de extensão recentemente sugerida tem em conta todos os resultados da investigação recebidos e preparou uma estratégia de extensão holística, incorporando os cinco pilares de diferentes estratégias de extensão, nomeadamente a sensibilização, o desenvolvimento de conhecimentos, o desenvolvimento de competências, o ambiente propício e o apoio consultivo atempado para evitar a vulnerabilidade às alterações climáticas e garantir a segurança alimentar. A seguinte sugestão de estratégia de extensão pode servir para o mesmo efeito e pode ser totalmente comprovada após a implementação da estratégia em grande escala, incorporando-a nas futuras implicações políticas.

Fig. 6.24: Sugestão de estratégia de extensão para implementação em larga escala para futuras implicações políticas

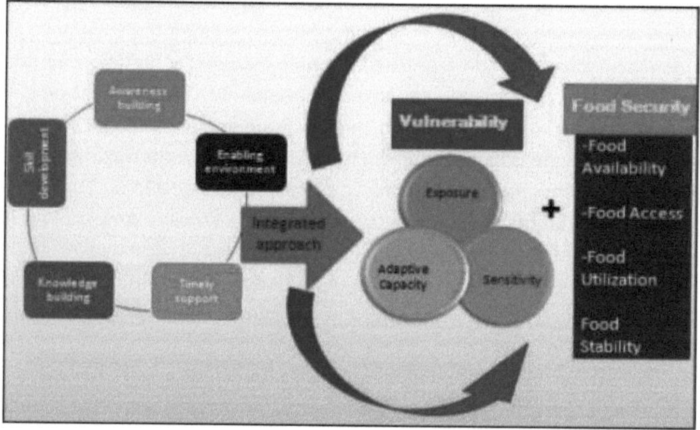

G. Hipótese aceite

As hipóteses aceites, depois de testadas no presente estudo, são as seguintes

H11: Os factores sócio-pessoais, sócio-económicos, de comunicação da extensão e sócio-psicológicos dos produtores agrícolas influenciam a perceção da segurança alimentar afetada pelas alterações climáticas e a vulnerabilidade às alterações climáticas na agricultura.

H12: Existem diferenças entre os blocos no caso da perceção da segurança alimentar afetada pelas alterações climáticas e da vulnerabilidade às alterações climáticas na agricultura.

H13: Seria necessária uma estratégia de extensão adequada para fazer face à segurança alimentar afetada pelas alterações climáticas e à vulnerabilidade das alterações climáticas na agricultura.

PARTE B

Para apoiar os resultados empíricos do presente estudo, é necessário efetuar um estudo de caso descritivo. Por esta razão, são recolhidas e apresentadas algumas histórias de sucesso para uma melhor compreensão do problema de investigação e da solução fornecida pelas conclusões analíticas empíricas.

História de sucesso I

Título: Utilização da tecnologia de mulching para a conservação da humidade na cultura do pepino

Sri Narayan Das, de quarenta e dois anos de idade, da aldeia de Marugunj, no bloco Tufanganj-I, praticava a cultura tradicional do pepino nos últimos anos. Mas, nos últimos dois anos, a sua exploração agrícola enfrentou novos desafios devido às alterações climáticas. Os desafios são a falta de humidade no solo e o crescimento vigoroso de ervas daninhas. Ele gastou muito na gestão das ervas daninhas, bem como na irrigação adequada do seu campo. O aumento diário da temperatura é uma das causas da perda de humidade no solo. Um dia, um amigo sugeriu-lhe que praticasse a técnica de mulching para conservar a humidade do solo e controlar as ervas daninhas, e ele começou a praticar e a prática dá-lhe agora bons resultados. A tecnologia de cobertura morta conserva a humidade do solo, modifica a temperatura do solo, melhora as propriedades do solo, reduz o crescimento de ervas daninhas e aumenta o rendimento das culturas. Também considera que a tecnologia de cobertura morta poupa o seu custo de mão de obra e o seu tempo, o que se deve à redução dos custos de cultivo. Observou também que a técnica de cobertura morta melhora o crescimento fisiológico da planta. Está a utilizar palha de arroz e polietileno como materiais de cobertura. Agora Sri Das está a cultivar pepino em 10.0 Katha de terra e o seu custo de cultivo de pepino é de quase Rs.12500.00 e o seu rendimento total deste cultivo é de Rs. 23500.00 com um lucro líquido de Rs. 11000.00. Anteriormente, ele praticava esta técnica apenas com pepinos, mas agora está a aplicar esta tecnologia em todos os legumes cultivados no seu campo.

Revelação: Uma estratégia de extensão adequada e uma tecnologia melhorada podem evitar o risco de vulnerabilidade às alterações climáticas na agricultura.

História de sucesso-II

Título: Introdução de uma variedade de arroz tolerante às inundações numa zona propensa a inundações repentinas

Sri Ramesh Kujjar, agricultor tribal de 59 anos de idade que pertence à aldeia de Paschim Singimari, no bloco Cooch Behar-II, tem 1,0 bigha de terra de arroz em situação de terra baixa. Todos os anos, devido ao stress climático, como uma inundação repentina, não podia cultivar arroz nessa área específica. A variedade que cultivava era uma variedade não resistente às cheias. Assim, ao fim de alguns anos, ele descobre que existe uma variedade de arroz resistente às cheias que pode ser cultivada no seu campo. Partilhou a informação com o perito do Krishi Vigyan Kendra (KVK), Cooch Behar, para a aquisição de sementes, e o KVK arranjou-lhe as sementes da variedade de arroz Swarna Sub-1 nesse ano específico. No primeiro ano, cultivou apenas 0,5 bighas de terra com a ajuda desta variedade de arroz resistente às inundações e obteve um bom rendimento. A partir do segundo ano, começou a cultivar a variedade de arroz resistente a inundações em toda a sua terra de 1,0 bigha. Em média, está a obter um rendimento de 6,8q por bigha. Ao verem o desempenho e a sustentabilidade da variedade, outros agricultores das redondezas estão a avançar para adotar essa variedade.

Revelação: A extensão da intervenção institucional e a motivação podem evitar o risco das alterações climáticas na agricultura

CAPÍTULO-7

RESUMO E CONCLUSÃO

7.1 Resumo

Na situação atual, as alterações climáticas são vistas como um desafio ambiental, social e económico à escala mundial. As alterações climáticas têm um impacto grave na disponibilidade de vários recursos na terra, nomeadamente a água, o solo, o ser humano, o gado e os recursos naturais. As alterações climáticas e a agricultura têm uma relação bidirecional, em que a agricultura é um dos factores que contribuem para os parâmetros das alterações climáticas e, ao mesmo tempo, as alterações climáticas têm também um impacto significativo na agricultura. As alterações climáticas e a agricultura estão inter-relacionadas porque a agricultura depende diretamente das condições climáticas, como a precipitação, a temperatura e a humidade, etc. O aumento da temperatura, o padrão irregular da precipitação, a subida repentina do nível do mar, o aumento da incidência de pragas e doenças e o aumento da intensidade de fenómenos climáticos extremos, como secas e tempestades/ciclones/ventos fortes, que provocam escassez de água e inundações, o aumento da evapotranspiração, a perda de colheitas e a alteração da ecologia são observados sob a forma de alterações climáticas. Devido a estas razões, a insegurança alimentar dos meios de subsistência está a ganhar um enorme impulso. A produção agrícola é uma componente importante da segurança alimentar e é um processo bidirecional: produz alimentos para as pessoas e constitui a principal fonte de subsistência. No entanto, um sistema alimentar é vulnerável quando uma ou mais das quatro componentes da segurança alimentar, como a disponibilidade, a acessibilidade, a utilização e a estabilidade do sistema alimentar, são afectadas e perturbadas. No atual cenário de formação e aplicação de estratégias de extensão, as intervenções estratégicas inauguram uma nova era de perspetiva de solução para as alterações climáticas. Num cenário global, o desenvolvimento de diferentes tecnologias, especialmente na agricultura, tenta resolver o dinamismo da situação microclimática. Por vezes, reflectiu-se que algumas das tecnologias tiveram um impacto negativo nas alterações climáticas, mas nem todas as tecnologias são prejudiciais. Assim, do ponto de vista da extensão, a disseminação de novas ideias cria um cenário agrícola intensivo em conhecimento. A demonstração de tecnologias adaptativas e a socialização sensibilizam as pessoas e fornecem uma solução tecnológica de janela única para mitigar os efeitos das alterações climáticas. Tendo tudo isto em mente, o presente estudo foi concebido para avaliar a vulnerabilidade à mudança climática na agricultura e definir ou explorar o caminho ou as estratégias definitivas de extensão para evitar a vulnerabilidade à mudança climática na agricultura para garantir a segurança alimentar com os seguintes objectivos delineados:

> Estudar os atributos sócio-pessoais, sócio-económicos, de comunicação da extensão e sócio-psicológicos dos produtores agrícolas.

> Identificar os diferentes aspectos da segurança alimentar afectados pelas alterações climáticas.

> Avaliar a vulnerabilidade às alterações climáticas na agricultura.

> Isolar os factores associados à vulnerabilidade às alterações climáticas na agricultura.

> Identificar a intervenção das estratégias de extensão existentes para fazer face à vulnerabilidade na agricultura.

> Sugerir a reforma das estratégias de extensão existentes para implicações futuras.

No presente estudo, foram seguidos os procedimentos de amostragem em várias fases, intencional e aleatória simples. O presente estudo foi realizado nos distritos de Cooch Behar, em Bengala Ocidental, que foram seleccionados propositadamente para o estudo. Os dois blocos do distrito foram seleccionados propositadamente. Foram seleccionadas aleatoriamente quatro aldeias, nomeadamente Chilakhana e Maruganj, no bloco I de Tufanganj, e Singimari Pachimpar e Pedbhata Chandanchowra, no bloco II do distrito de Cooch Behar, em Bengala Ocidental. Com a ajuda dos funcionários, foi elaborada uma lista exaustiva dos produtores agrícolas das aldeias. Foram seleccionados aleatoriamente cinquenta (50) n.ºs de inquiridos de cada aldeia para constituir uma amostra de duzentos (200). A segurança alimentar afetada devido às alterações climáticas e a vulnerabilidade às alterações climáticas na agricultura foram consideradas como as variáveis previstas ou consequentes ou dependentes no presente estudo. Para além destas, foram consideradas 20 variáveis preditoras ou causais ou independentes para caraterizar as variáveis previstas de forma perfeita. Todas estas variáveis foram operacionalizadas e medidas com a ajuda de escalas pré-construídas e testadas, ligeiramente modificadas. Os dados foram recolhidos com a ajuda de um calendário de entrevistas estruturado através do método de entrevista pessoal. Os dados recolhidos foram analisados com a ajuda de instrumentos estatísticos como a média, o desvio-padrão, o coeficiente de variação, a correlação, a regressão e a análise de factores e a análise de quocientes com base na classificação.

Os resultados do presente estudo indicam que:

A maioria dos produtores agrícolas situa-se na faixa etária dos 40-61 anos, o que reflecte a sua natureza entusiástica, enérgica e experiente.

A maioria dos produtores agrícolas está na categoria do ensino médio, o que significa que os oito passaram no ensino formal.

A maioria dos produtores agrícolas possui entre 19 e 40 anos de experiência agrícola, o que é muito importante para estar associado à agricultura e perceber o risco da agricultura.

A maioria dos produtores agrícolas pertence a uma família com um nível de instrução familiar de 3-5, o que significa um nível médio de instrução familiar.

A maioria dos produtores agrícolas pertence a uma família composta por 3-5 membros.

A maioria dos produtores agrícolas pertence ao grupo de rendimento anual de Rs.50.000-Rs.1.50.000.

A maioria dos produtores agrícolas pertence ao grupo de despesas anuais entre 40 000 e 1 30 000 rupias.

A maioria dos produtores agrícolas possui uma propriedade de terra de 1,0-3,0 acres

A maioria dos produtores agrícolas pertence ao nível médio de posse de instrumentos agrícolas, com uma pontuação de 5 a 11.

A maioria dos produtores agrícolas pertence ao nível médio de posse de energia na exploração, com uma pontuação de 4 a 12.

A maioria dos produtores agrícolas pertence ao nível médio de posse material, com uma pontuação de 2 a 4.

A maioria dos produtores agrícolas pertence a um nível médio de participação social, com 2 a 4 membros numa organização.

A maioria dos produtores agrícolas pertence à categoria de acesso médio à fonte de informação, com uma pontuação de 2 a 5.

A maioria dos produtores agrícolas pertence ao nível médio de liderança na adoção, com uma pontuação de 4-7.

A maioria dos produtores agrícolas pertence ao nível médio de orientação científica, com uma pontuação de 20 a 28.

A maioria dos produtores agrícolas pertence ao nível médio de independência, com uma pontuação de 20-26.

A maioria dos produtores agrícolas pertence ao nível médio de capacidade de assunção de riscos, com uma pontuação de 20 a 26.

A maioria dos produtores agrícolas pertence ao nível médio de capacidade de inovação, com uma pontuação de 5-11.

A maioria dos produtores agrícolas pertence ao nível médio de motivação económica, com uma pontuação de 20-26.

A maioria dos produtores agrícolas pertence ao nível médio de orientação da gestão, com uma pontuação de 52 a 69.

A maioria dos produtores agrícolas é moderadamente afetada no que respeita à disponibilidade de alimentos devido às alterações climáticas. Nesta perspetiva, o bloco Tufanganj-I é mais afetado do que o bloco Cooch Behar-II.

A maioria dos produtores agrícolas é moderadamente afetada no que respeita ao acesso aos alimentos devido às alterações climáticas.

A maioria dos produtores agrícolas é moderadamente afetada no que respeita à utilização de alimentos devido às alterações climáticas. Nesta perspetiva, o bloco Cooch Behar-II é mais afetado do que o bloco Tufanganj-I.

A maioria dos produtores agrícolas é moderadamente afetada no que respeita à estabilidade alimentar devido às alterações climáticas. Nesta perspetiva, o bloco Tufanganj-I é mais afetado do que o bloco Cooch Behar-II.

O nível de subsistência da vulnerabilidade às alterações climáticas na agricultura é encontrado na área de estudo.

O bloco Tufanganj-I é mais afetado do que o bloco Cooch Behar-II no que respeita à vulnerabilidade da agricultura às alterações climáticas.

As variáveis, nomeadamente, idade (x_i), experiência agrícola^), nível de educação da família (x_4), dimensão da família (x_5), propriedade da terra (x_8), poder agrícola (x_{10}) e posse de materiais (x_{11}) estão positiva e significativamente associadas à segurança alimentar afetada pelas alterações climáticas. Por outro lado, as variáveis rendimento anual (x_6) e despesas anuais (x_7) estão negativamente e significativamente associadas à segurança alimentar afetada pelas alterações climáticas.

As variáveis, nomeadamente, idade (x_1), nível de escolaridade (x_2), experiência agrícola (x_3), nível de escolaridade da família (x_4), dimensão da família (x_5), posse de alfaias agrícolas (x_9), potência agrícola (x_{10}), posse de materiais (x_{11}), participação social (x_{12}), acesso a fontes de informação sobre alterações climáticas (x_{13}), liderança na adoção (x_{14}), orientação científica (x_{15}), independência (x_{16}), capacidade de assumir riscos (x_{17}), capacidade de inovação (x_{18}) e motivação económica (x_{19}) estão positiva e significativamente associados à vulnerabilidade às alterações climáticas na agricultura.

A variável inovação (x_{18}) contribui negativa e significativamente para a caraterização da segurança alimentar devido às alterações climáticas, enquanto outras duas variáveis, nomeadamente a propriedade fundiária (x_8) e a posse de materiais (x_{11}), contribuem positiva e significativamente para a caraterização da segurança alimentar afetada pelas alterações climáticas.

Sendo o valor de R_2 de 0,290, é de inferir que as vinte variáveis preditoras em conjunto explicaram 29,00% da variação associada à segurança alimentar afetada pelas alterações climáticas.

A variável orientação para a gestão (x_{20}) contribui de forma negativa e significativa para a caraterização da vulnerabilidade às alterações climáticas na agricultura, enquanto as outras quatro variáveis, nomeadamente idade (x_1), dimensão da família (x_5), posse de materiais (x_{11}) e capacidade de inovação (x_{18}), contribuem de forma positiva e significativa para a caraterização da vulnerabilidade às alterações climáticas na agricultura.

Sendo o valor de R^2 de 0,609, é de inferir que as vinte variáveis preditoras em conjunto explicaram 60,90% da variação associada à vulnerabilidade às alterações climáticas na agricultura.

As variáveis são agrupadas em seis factores: competência psicológica, estima social, competência pessoal, eficácia financeira, exposição educativa e capacidade de gestão.

As três importantes intervenções estratégicas de extensão identificadas são o desenvolvimento de capacidades em iniciativas agrícolas resistentes ao clima, a sensibilização para a utilização de subsídios na agricultura e o desenvolvimento de capacidades em sistemas agrícolas integrados.

A estratégia de extensão recentemente sugerida é desenvolvida através da incorporação dos cinco pilares de diferentes estratégias de extensão, nomeadamente a sensibilização, o desenvolvimento de conhecimentos, o desenvolvimento de competências, o ambiente propício e o apoio consultivo atempado para evitar a vulnerabilidade às alterações climáticas e garantir a segurança alimentar.

7.2 Conclusão e recomendação

Com o advento da era dos avanços tecnológicos na agricultura, as alterações climáticas são uma das ameaças ambientais mais graves que a humanidade enfrenta a nível mundial. O sector agrícola enfrenta impactos variáveis das alterações climáticas, que agravam sobretudo as condições de produção e afectam negativamente as economias dos países baseados na agricultura. As alterações climáticas são uma realidade que exige uma ação imediata para a sua atenuação e também para ajudar o sector económico afetado a adaptar os sistemas de aplicação naturais e humanos. Em vários países, como a Índia, há um interesse crescente nos impactos prováveis das alterações climáticas na agricultura, no crescimento económico e no desenvolvimento sustentável. As alterações climáticas estão a ter um impacto negativo nos quatro pilares da segurança alimentar - disponibilidade, acesso, utilização e estabilidade. A segurança alimentar é o resultado dos processos do sistema alimentar ao longo de toda a cadeia alimentar. As alterações climáticas afectarão a segurança alimentar através dos seus impactos em todas as componentes dos sistemas alimentares globais, nacionais e locais. Para sustentar o sector agrícola através da mitigação da vulnerabilidade às alterações climáticas, a fim de garantir a segurança alimentar, a estratégia de extensão integrada pode desempenhar um papel fundamental na existência humana em termos de fornecimento de alimentos e de rendimentos, sendo necessário iniciar urgentemente estratégias de mudança para fazer face às alterações climáticas na agricultura. Isto porque as adaptações aos impactos das mudanças climáticas na agricultura requerem mudanças nos conhecimentos, atitudes, capacidades de resiliência e competências dos produtores agrícolas. A estratégia de extensão é uma série de intervenções comunicativas incorporadas que visam, entre outras coisas, desenvolver ou induzir inovações que supõem resolver situações problemáticas vividas pelos produtores agrícolas. Observou-se que as estratégias de extensão estão envolvidas em programas de informação e educação pública que poderiam ajudar os produtores agrícolas a mitigar os efeitos nocivos das mudanças climáticas. No contexto das mudanças climáticas, a estratégia de extensão pode enfrentar desafios para lidar com a vulnerabilidade, mas a improvisação da mesma pode criar um ambiente para reduzir os efeitos das mudanças climáticas na agricultura, a fim de garantir a segurança alimentar. A eficácia da estratégia de extensão é influenciada por factores como a identificação das regiões vulneráveis, dos grupos vulneráveis, dos produtores agrícolas com múltiplos factores de stress, altamente expostos, para avaliar e reforçar as estratégias de sobrevivência entre as regiões/grupos vulneráveis e melhorar a capacidade de adaptação. A disponibilização eficaz e atempada de informação está a desempenhar um papel crucial na futura estratégia de extensão. Apesar da necessidade de informação atempada e bem orientada sobre os riscos climáticos, existem atualmente várias lacunas e desafios no fornecimento de informações sobre o clima aos produtores agrícolas. É necessário que os decisores políticos, as comunidades e os prestadores de ajuda incorporem tecnologias baseadas em factos nos sistemas e conhecimentos alimentares. As tecnologias baseadas em provas são aquelas que foram testadas e utilizadas empiricamente. Num clima de investigação tão resiliente, o presente estudo investigou a segurança alimentar afetada pelas alterações climáticas e a vulnerabilidade às alterações climáticas na agricultura e desenvolveu uma intervenção estratégica de extensão reformada para evitar a vulnerabilidade às alterações climáticas e garantir a segurança alimentar. O estudo é válido ao identificar diferentes factores de vulnerabilidade às alterações climáticas e de segurança alimentar, bem como as intervenções estratégicas de extensão para abordar a questão global a nível local. A principal direção da reforma nas intervenções estratégicas da extensão é o paradigma da aprendizagem em vez do paradigma do ensino. Esta abordagem de aprendizagem incorporou novas abordagens de informação sobre as alterações climáticas que são orientadas para a procura e aumentam a participação real e interactiva da população local a todos os níveis de tomada de decisões numa rede de extensão. Os resultados de primeira linha da investigação, em poucas palavras, podem ser delineados como

❖ A segurança alimentar afetada pelas alterações climáticas e a vulnerabilidade às alterações climáticas são predominantes no caso dos produtores agrícolas de meia-idade, nível médio de educação e estatuto económico médio e exposições psicológicas.

❖ A segurança alimentar afetada pelas alterações climáticas e a vulnerabilidade às alterações climáticas são muito diferentes consoante as localizações geográficas.

❖ A vulnerabilidade às alterações climáticas situa-se ao nível da subsistência.

❖ A segurança alimentar afetada pelas alterações climáticas e a vulnerabilidade às alterações climáticas dependem sobretudo de diferentes atributos socio-pessoais, socio-económicos e socio-psicológicos dos produtores agrícolas.

❖ A estratégia de extensão mais eficaz é a sensibilização para a segurança alimentar afetada pelas alterações climáticas e para a vulnerabilidade às alterações climáticas.

❖ A estratégia de extensão desenvolvida considera os cinco pilares das diferentes intervenções estratégicas de extensão, nomeadamente a sensibilização, o desenvolvimento de conhecimentos, o desenvolvimento de competências, o ambiente propício e o apoio consultivo atempado para evitar a vulnerabilidade às alterações climáticas e garantir a segurança alimentar.

Com base nos resultados do presente estudo, são feitas as seguintes recomendações sugestivas para futuras implicações políticas, que são principalmente orientadas para **o conhecimento**, para as **competências tecnológicas, para o ambiente propício** e **para o capital**:

❖ A sensibilização através de campanhas, reuniões de discussão em grupo entre os produtores agrícolas, através da transmissão de conhecimentos sobre os discursos relativos às alterações climáticas na agricultura, sustentabilidade ambiental, protocolos e tratados.

> Para planear e implementar as estratégias de extensão nas zonas vulneráveis às alterações climáticas, a categorização dos produtores agrícolas deve basear-se nos seus atributos sociopessoais, socioeconómicos e socio-psicológicos.

> Deve ser dada importância aos produtores agrícolas inovadores e orientados para a gestão no caso de qualquer intervenção de extensão em zonas vulneráveis às alterações climáticas para garantir a segurança alimentar.

> Tradução em ação dos conhecimentos disponíveis sobre a estratégia de atenuação e adaptação às alterações climáticas na agricultura, através da conceção e aplicação de intervenções agrícolas baseadas em dados concretos, mediante a aplicação de melhores práticas agrícolas sustentáveis do ponto de vista ambiental. Integrar os sistemas de conhecimentos autóctones e as tecnologias agrícolas modernas de base científica para garantir a segurança alimentar da população face às alterações climáticas, assegurando assim os meios de subsistência e a sustentabilidade ambiental através de uma abordagem multifacetada.

> A tónica deve ser colocada no reforço das capacidades e na sensibilização para as inter-relações entre os diferentes sistemas, a fim de assegurar uma comunicação adequada, específica para cada local e atempada sobre as alterações climáticas e a segurança alimentar. Isto permite que as pessoas tomem decisões informadas e responsáveis no sentido de uma segurança alimentar sustentável e do ambiente.

> Deve ser iniciado o reforço das capacidades dos produtores agrícolas no que respeita à aplicação de instrumentos das tecnologias da informação e da comunicação para a gestão das secas e das inundações, juntamente com informações sobre o clima e as condições meteorológicas, a redução dos resíduos, a atenuação dos riscos e o desenvolvimento do mercado, a fim de criar condições que lhes permitam aceder a estas aplicações e aplicá-las para reduzir a vulnerabilidade às alterações climáticas e garantir a segurança alimentar.

> Foi necessário um apoio político especial para abordar as zonas mais vulneráveis devido aos discursos sobre as alterações climáticas na agricultura, a fim de garantir a segurança alimentar dos agregados familiares nessas zonas.

INVESTIGAÇÃO

No cenário global em mudança, as alterações climáticas representam um dos desafios mais significativos para a humanidade devido aos seus impactos potencialmente catastróficos e à natureza desconhecida e à incerteza do seu início. A agricultura é simultaneamente uma área de atividade humana em risco devido às alterações climáticas e um motor das alterações climáticas e ambientais. O aumento da temperatura e a variabilidade climática afectam o sistema de produção alimentar e o desenvolvimento agrícola. As alterações climáticas e a agricultura têm uma relação bidirecional, sendo a agricultura um dos factores que contribuem para os parâmetros das alterações climáticas e, ao mesmo tempo, as alterações climáticas têm também um impacto significativo na agricultura. Para atenuar alguns dos desafios complexos colocados pelas alterações climáticas, a agricultura tem de se tornar resistente às alterações climáticas e inteligente, ou seja, aumentar de forma sustentável a produtividade e a rendibilidade agrícolas, adaptar-se às alterações climáticas e reforçar a sua capacidade de resistência. Em suma, os sistemas agrícolas têm de se tornar mais eficientes, utilizando menos terra, água e factores de produção para produzir mais alimentos de forma sustentável, e, juntamente com os produtores agrícolas que os gerem, ser mais resistentes às mudanças, ameaças e choques. Os serviços de extensão eram tradicionalmente concebidos como o mecanismo para pôr em prática os conhecimentos baseados na investigação, com uma forte incidência no aumento da produção agrícola. Em resposta à natureza evolutiva da agricultura e às necessidades dos agricultores, nas últimas três décadas a extensão agrícola deixou de se centrar na transferência de competências, tecnologias e conhecimentos relacionados com a produção de culturas, da investigação para os agricultores, e passou a desenvolver tecnologias com os agricultores e a catalisar e facilitar os processos de inovação para combater as alterações climáticas na agricultura.

Num clima de investigação tão resiliente, o presente estudo foi realizado metodicamente para explorar a vulnerabilidade das alterações climáticas na agricultura e derivar a via ou estratégias de extensão definitivas para evitar a vulnerabilidade das alterações climáticas na agricultura, a fim de garantir a segurança alimentar. Embora o presente estudo tenha atingido o seu objetivo com uma conclusão definitiva, ainda há algumas possibilidades futuras para este estudo de investigação que podem ser delineadas como

> O mesmo tipo de problema de investigação pode ser construído para explorar as áreas de segurança nutricional das mulheres agricultoras afectadas pela vulnerabilidade às alterações climáticas na agricultura.

> Uma investigação semelhante pode ser seguida no caso do diagnóstico e da análise relacional das diferentes dimensões do impacto da vulnerabilidade às alterações climáticas nos processos sociais.

> Um tipo semelhante de estudo de investigação e de metodologia pode ser seguido no caso da realização de investigação sobre a sustentabilidade e a rentabilidade das microempresas na agricultura afectadas pela vulnerabilidade às alterações climáticas.

> Um tipo semelhante de estudo de investigação pode ser seguido no caso da análise da teoria da mudança devido à vulnerabilidade às alterações climáticas na agricultura.

> São necessários mais tipos de investigação semelhantes para derivar abordagens de extensão concretas para evitar a vulnerabilidade às alterações climáticas na agricultura, a fim de garantir a segurança alimentar através da utilização de modelos de simulação.

> Um estudo do mesmo tipo pode ser efectuado para avaliar o papel das diferentes

organizações e instituições de aconselhamento em matéria de extensão para evitar a vulnerabilidade às alterações climáticas na agricultura, a fim de garantir a segurança alimentar.

> Pode ser efectuado um estudo de investigação semelhante para isolar a lacuna tecnológica e de extensão na prática relacionada com as estratégias de adaptação às alterações climáticas na agricultura.

> O estudo de investigação pode ser realizado para analisar o impacto da vulnerabilidade às alterações climáticas na agricultura através de organizações comunitárias de agricultores.

> O presente estudo pode ser efectuado em áreas geográficas mais vastas para testar a genuinidade e a consistência das presentes conclusões e também para chegar a uma certa generalização das conclusões.

BIBLIOGRAFIA

Adejuwon, J.O(2006) Food Crops Production in Nigeria. II Efeitos potenciais das alterações climáticas.
Investigação sobre o clima. **32**: 229-245.

Aker, J(20 07) Information from Markets Near and Far: Information Technology, Search Costs and Grain Markets.Mimeo, Tufts University.

Aluko, A.P, Oyeleye, B., Sulaiman, O.N e Ukpe, I.E(2008) Climate Change: A Threat to Food Security and Environmental Protection" publicado nas Actas da 32nd Conferência Anual da Associação Florestal da Nigéria 20-24th outubro, pp.36 -37.

Angles, S., Chinnadurai, M., e Sundar, A(2011) Awareness on impact of climate change on dryland agriculture and coping mechanisms of dryland farmers. *Ind. Jn. of Agri. Econ* **66**(3): 365-372.

Anónimo (2001) Climate Change: Impacts, Adaptation and Vulnerability, McCarthy, J. J., Canziani, O. F., Leary, N. A., Dokken, D. J., e White, K. S., (eds.), Cambridge: Third Assessment Report, Cambridge *University Press.*

Anonymous(2006) Climate change and African agriculture.Policy Note No. 10, August, CEEPA.

Anónimo(2010) Challenges of climate change on agriculture and livestock.*Int. Agric.,* pp.510.

Anandhi, Aavudai (2010) Assessing the impact of climate change on season length in Karnataka for IPCC SRES scenarios, CUNY Institute for Sustainable Cities/Hunter College, City University of New York, Nova Iorque, Estados Unidos da América.

Apata,T. G., Samuel, K. D. and Adeola, A. O(2009) Analysis of climate change perception and adaptation among arable food crop farmers in southwestern Nigeria. *Conferência de Economistas, Pequim, China,* pp.16-22.

Arunkumar, A(2002) Retrospects and prospects of commercial cassava cultivation. Unpub. Tese de Mestrado (Ag.), TNAU, Coimbatore.

Asfaw. A. and A. Admassie(2004) The role of education on the adoption of chemical fertilizer under different socioeconomic environments in Ethiopia. *Agricultural Economics* **30**(3): p215228.

Ashalatha K. V., Munisamy Gopinath, and A. R. S. Bhatt(2012) Impact of Climate Change on Rainfed Agriculture in India: A Case Study of Dharwad" *International Journal of Environmental Science and Development.* 3(4).

Ashok, K,R. e Sasikala, C(2012) Farmers' vulnerability to rainfall variability and technology adoption in rain-fed tank irrigated agriculture. *Agricultural Economics Research Review.* **25**(2): 267-278.

Ayanwuyi, Kuporiyi, E., Ogunlade, F. A. e Oyetoro, J. O(2010) Global Journal of Human Social Science, **10**(7): 33-39.

Ayoade, J.O(2010) Alterações climáticas: Génese, Efeito e Soluções. In Impact of Climate Change on Food Security in Sub-Saharan Africa (Impacto das Alterações Climáticas na Segurança Alimentar na África Subsariana). Actas do 14th *Simpósio Anual da Associação Internacional de Bolseiros e Bolseiras de Investigação* (IARSAF). IITA, Ibadan, 25 de fevereiro de 2010. pp. 7-12.

Baethgen, W.E., Meinke, H. e Gimene, A(2003) Adaptation of agricultural production systems to climate variability and climate change: lessons learned and proposed research approach. Documento apresentado *na conferência Climate .net, Insights and Tools for Adaptation: Learning from Climate Variability.* 18-20 de novembro de 2003, Washington, DC.

Banumathi, S(2003) An analysis on technological gaps and adoption of improved rainfed practices in rice. Unpub. Tese de Mestrado (Ag.). AC & RI, TNAU, Madurai.

Bashir M. K. e Schilizzi S(2013) Determinantes da segurança alimentar das famílias rurais: uma análise comparativa de estudos africanos e asiáticos. *Journal of the Science of food and Agriculture.* 93(6): 1251-1258.

Battaglini, A., Barbeu, G., Bindi, M. e Badeck, F.W(2009) European wine growers' Perception of climate change impact and options for adaptation. *Regional Environmental Change* 9: 61-73.

Benal. D., M.M. Patel, M.P. Jain e V.B. Singh (2010) Adoption of Dryland Technology. *Indian Journal of Dryland Agricultural Research and Development.* 25(1):111-116.

Bhosale (2010) Participation of rural youth in paddy farming in Anand district of Gujarat state. Tese de Mestrado (Agri) não publicada. Tese, AAU, Anand.

Bhairamkar M.S(2009) Impact of microfinance through Self Help Group in Konkan region of Maharastra. Tese de doutoramento (Agri), não publicada. Dr. Balasaheb Swant Konkan Krishi Vidyapeeth. Dapoli.

Bhuvaneshwari, M(2012) Perceção dos agricultores de terras secas e comportamento de adaptação às alterações climáticas. Unpub. Tese de Mestrado (Ag.), TNAU, Coimbatore.

Binkadakatti, J.S(2008) Impacto das acções de formação do Krishi Vigyan Kendra (KVK) na utilização de biofertilizantes e biopesticidas pelos agricultores de Tur no distrito de Gulbarga. Tese de Mestrado (Ag.), Departamento de Educação para a Extensão Agrícola, Faculdade de Agricultura, Uni. Agri. Sci., Dharwad, Karnataka, Índia.

Boubacar, I(2010) The effects of drought on crop yields and yield variability in Sahel.The Southern Agricultural Economics Association Annual Meeting. Orlando FL: A Associação de Economia Agrícola do Sul.

Bradshaw. B., H. Dolan e B. Smith (2004) Farm-level adaptation to climate variability and change: Crop diversification in the Canadian Prairies. *Climatic Change. 67:* 119-141.

Brondizio, S. and Moran, E.F(2008) Human dimensions of climate change: the vulnerability of small farmers in the Amazon. *Philosophical Transactions of the Royal Society Biological Sciences. 363:* 1803-1809.

Cannon, T(2001) Vulnerability analysis and disasters (Análise da vulnerabilidade e catástrofes). Em Parker, D.(ed) Floods. London: Routledge.

Chaudhari, P. N(2012) Socio-economic determinates of farmer-oriented technology packages for sericulture: Um estudo de campo. *Indian Journal of Sericulture.* 40(1): 96-99.

Chand, S(2011) Analysis of reproductive disorders in dairy animals in Alwar district of Rajasthan, M.V .Sc. thesis (Unpublished), NDRI, Karnal. Haryana

Chandra, R(2001) Effectiveness of eco-friendly cultivation practices in paddy -An analysis. Unpub. Tese de Mestrado (Ag.), AC & RI, Madurai.

Chaudhary, Mohanlal (2010) A study on pesticide using behaviour of paddy growers in Khambhat taluka of Anand district. M. Sc. (Agri) não publicado, AAU, Anand.

Chio, O. e Fisher, A(2005) The Impacts of Socioeconomic Development and Climate Change on severe Weather catastrophe losses: Mid-Atlantic Region MAN e U.S.

Climate Change and African Agriculture (2006) Policy Note No. 10, August, CEEPA.

Alterações climáticas e agricultura (2000). A Policy Note. Universidade de South Ampton, MAFF.

Coates, J, Swindale A e Bilinsky P(2007) Household Food Insecurity Access Scale (HFIAS) for Measurement of Household Food Access: Guia de Indicadores (v. 3). Washington, D.C.: FHI 360/FANTA.

Coretha Komba e Edwin Muchapondwa (2012) Adaptação às alterações climáticas pelos pequenos agricultores na Tanzânia. *Investigação Económica da África Austral.* Documento de trabalho 299.

Cury, P & Shanoon, L(2004) Regime shifting in upwelling ecosystems: Observed changes and possible mechanisms in Northern and Southern Bangaels, Prog. *Ocean org,* **60**:223-243.

Dang, H.L., Bruwer, Li.E.J. e Nuberg, I(2014) Farmer's perceptions of climate variability and barriers to adaptation: lessons learned from an exploratory study in Vietnam. *Estratégias de mitigação e adaptação às alterações globais.* **19**(5): 531-548.

David Maddison (2007) The Perception and Adaptation to Climate Change in Africa, CEEPA (Documento de discussão número 10).

Deepa, B., Hiremath e Shiyani, R. L (2013) Análise dos índices de vulnerabilidade em várias zonas agro-climáticas de Gujarat. *Jornal Indiano de Economia Agrícola.* 68(1).

De Moor, N(2011) Labour Migration for Vulnerable Communities: Uma estratégia para se adaptar a um ambiente em mudança. COMCAD Arbeitspapiere - Documentos de Trabalho-101. Bielefeld, Alemanha.

Deressa, T. T., Hassan, R.M., e Ringler, C(2008) Measuring Ethiopian farmers' vulnerability to climate change across regional states. Documento de discussão do IFPRI - 00806. Washington DC.

Deressa, T.T., Hassan, R. M. e Ringler (2011) Perceção e adaptação às alterações climáticas pelos agricultores da bacia do Nilo, na Etiópia. *Journal of Agricultural Science.* **149**: 23-31.

Dev, Mahendra, S(2012) Inclusive growth in India: Agriculture, poverty and human development. Oxford University Press.

Dhaka, B. L., Chayal, K. e Poonia, M.K(2010) Analysis of farmers' perception and adaptation strategies to climate change. *Libyan Agriculture Research Centre Journal International.* **1**(6): 388-390.

Deressa, T.T. e Hassan, R.M (2009) Economic impact of climate change on crop production in Ethiopia: evidence from cross-section measures. *Journal of African Economics.* **18**: 529-554.

Dhodia, A. J, Naik, R. M. and Tandel , B. M(2014) Attitude of farmers towards training programme of mega seed project. *Gujrat Journal of Extension Education.* **3**(1): 9-12.

Darandle, A. D(2010) Attitude of tribal farmer towards organic farming practices in maize crop. Não publicado. Tese de Mestrado (Agri.), AAU, Anand.

David, O. Awolala1 e Igbekele A. Ajibefun (2015) Rice Farmers' Vulnerability to Extreme Climate: Deploying Local Adaptation Finance in Ekiti State, Nigeria. *Ambiente Mundial.* **5**(3): 91-100.

Diana Gonzalez Botero e Adria Bertran Salinas (2013) Assessing farmers' vulnerability to climate change: a case study in Karnataka, India. pp. 1-84.

Ephraim, A. Orikpe e Gloria, O. Orikpe (2013) Information and Communication Technology and Enhancement of Agricultural Extension Services in the New Millennium.

Jornal de Investigação Educacional e Social. 3(4):12-15.

Dhanya e Ramchandran (2015). Jornal de Agrometeorologia, 15:176-182.

Easterling, W.E., Aggarwal, P.K., Batima, P., Brander, K.M., Erda, L., Howden, S.M., Tubiello, F.N(2007) Food, fibre and forest products. Em M. L. Parry, O. F. Canziani, P. J. J. P. Palutikof, & C. E. Hanson (eds.), Climate Change 2007: Impacts, adaptation and vulnerability. Contribuição do Grupo de Trabalho II para o Quarto Relatório de Avaliação do Painel Intergovernamental sobre as Alterações Climáticas. Cambridge, Reino *Unido: Cambridge University Press.* pp. 273-313.

FAO (2005) Impact of climate change, pests and diseases on food security and poverty reduction (Impacto das alterações climáticas, pragas e doenças na segurança alimentar e na redução da pobreza). Documento de base do evento especial para a 31ª sessão do Comité de Segurança Alimentar Mundial, Roma, 23-26 de maio.

FAO (2008) Organic agriculture and climate change (Agricultura biológica e alterações climáticas). Retrieved, arcj 8. http://www. fao.org/ DOCREP/005.

FAO(2008a) Climate change adaptation and mitigation in the food and agriculture sector. HLC/08/BAK/1, Roma, Itália: Organização das Nações Unidas para a Alimentação e a Agricultura.

Fischer, G., Van Velthuizen, H., Shah, M. e Nachtergaele, F.O(2002) Global agro-ecological assessment for agriculture in the 21st century: methodology and results. Relatório de Investigação RR-02- 02, Laxenburg, Áustria: Instituto Internacional de Análise de Sistemas Aplicados.

Fischer G, Shah M e Van Velthuizen(2002) Impacts of climate on agro-ecology. "Climate change and agricultural vulnerability".International Institute for Applied Systems Analysis. Contribuição para a Cimeira Mundial sobre Desenvolvimento Sustentável, Joanesburgo.

Organização das Nações Unidas para a Alimentação e a Agricultura (2007) Adaptation to climate change in Agriculture, Forestry and Fisheries: Perspective Frameworks and Priorities. Relatório do grupo de trabalho interdepartamental da FAO sobre as alterações climáticas, Roma.

Fussel, H(2007) Vulnerabilidade: Um quadro concetual de aplicação geral para a investigação sobre alterações climáticas. Global Environmental Change. 17(2): 155-167.

Gahendar, B. e Dinanath, B(2008) An integrated approach to climate change adaptation. LIESA INDIA. *Fundação AME.* 10(4):10-12.

Gebitobo, G. A(2007) Understanding farmers perception and adaptation to climate change and variability, A case of Limpopo basin. Documento de discussão do IFPRI. *Envi. e Prod.* Tech. Division University. of Pretoria.

Gbetibouo, G.A(2008) Understanding farmers' perceptions and adaptations to climate change and variability: The case of the Limpopo Basin, South Africa, IFPRI, Discussion Paper No. 00849. Washington, DC.

Gajendra, T. H(2011) Perspectivas dos agricultores sobre o efeito das alterações climáticas na agricultura e pecuária. Tese publicada de Mestrado em Ciências (Agricultura) em Educação para a Extensão Agrícola. Departamento de Educação em Extensão Agrícola, Faculdade de Agricultura, Universidade de Ciências Agrícolas de Dharwad, Dharwad - 580 005. pp. 1-85.

Gunther Fischer, Mahendra Shah Harrij e Van Velthuizen (2002) Climate Change and Agricultural Vulnerability. A special report, prepared by the International Institute for

Applied Systems Analysis under United Nations Institutional Contract Agreement No. 1113 on "Climate Change and Agricultural Vulnerability" as a contribution to the World Summit on Sustainable Development, Johannesburg. pp. 1-141.

GIZ (2014) Projeto de Seguros para a Adaptação às Alterações Climáticas: Deutsche Gesellschaft fur Internationale Zusammenarbeit (GIZ) GmbH, Bonn,8. http://seguros. Riesgoycambioclimatico. org/publicaciones/2014/ACC_ingles_internet.pdf.

Guiteras, Raymond (2007) The Impact of Climate Change on Indian Agriculture. Departamento de Economia; Universidade de Maryland; College Park, MD 20742. Universidade de Maryland.

Hadole S.M e Tawade (2005) Socio-economic status of the farmers adopting the different farming systems in Ratnagiri district. Tese de doutoramento (Agri), não publicada. Dr. Balasaheb Swant Konkan Krishi Vidyapeeth. Dapoli.

Hahn, Micah B., Anne M. Riederer e Stanley O. Foster (2009) O Índice de Vulnerabilidade dos Meios de Subsistência: A Pragmatic Approach to Assessing Risks from Climate Variability and change - A Case Study in Mozambique. *Mudanças Ambientais Globais.* **19** (1): 74-88.

Hassan, R. e C. Nhemachena (2008) Micro-level Analyses of Farmers Adaptation to Climate Change in Southern Africa. Documento de discussão do IFPRI. 00714. Instituto Internacional de Investigação sobre Política Alimentar. Washington, DC. http://www.ifpri.org/pubs/otherpubs.htm#dp.

Hingonekar, S. S(2011) Perceção e desempenho do papel dos FIGs que trabalham no âmbito do projeto ATMA nos distritos de Tapi e Valsad, no sul de Gujarat. Tese de Mestrado (Agri.), NAU, Navsari.

ICEM (2013) Impacto e adaptação da USAID Mekong ARCC às alterações climáticas na pecuária. Agência dos Estados Unidos para o Desenvolvimento Internacional. Centro Internacional de Gestão Ambiental.

Ikheloa, E. E., Ikpi, A. E., Akinyosoye, V.O. e Oluwatayo, I. B(2013) Understanding farmers" response to climate variability in Nigeria: Uma abordagem lógica multinomial. *Revista Etíope de Estudos e Gestão Ambiental.* **6**(6).

OIT (2007) Capítulo 4. Emprego por sector. In Key Indicators of the Lasew Market (KILM) 5th Education. www.ilo.org/pusue/english/employment/strat/kilm/download/kilm 04.

IPCC (2001) Climate Change: Impacts, Adaptation and Vulnerability, McCarthy, J. J., Canziani, O. F., Leary, N. A., Dokken, D. J., e White, K. S., (eds.), Cambridge: Third Assessment Report: *Cambridge Univ. Press.*

IPCC(2007) Impacts, Adaptation, and Vulnerability. Contribuição do Grupo de Trabalho II para o Quarto Relatório de Avaliação do Painel Intergovernamental sobre as Alterações Climáticas [Parry, Martin L., Canziani, Osvaldo F., Palutikof, Jean P., Vander Linden, Paul J., and Hanson, Clair E. (eds.)]. *Cambridge University Press*, Cambridge, Reino Unido, 1000 pp. Citado em USEPA.

IPCC(2013) Climate change- 2013: The physical science basis. Contribuição do Grupo de Trabalho 1-5th Relatório de Avaliação do Painel Intergovernamental sobre as Alterações Climáticas. T.F. Stocker, D. Qin, G.-K. Plattner, M. Tignor, S.K. Allen, J., Boschung, A., Nauels, Y., Xia, V., Bex & P.M., Midgley, eds. Cambridge, Reino Unido, e Nova Iorque, EUA, Cambridge University Press. pp.1535.

Ishaya, S. and Abaje, I.B(2008) Indigenous people's perception of climate change and adaptation strategies in Jema's local government area of Kaduna State, Nigeria. *Jornal de Geografia e Planeamento Regional.* **1**: 138-143.

Jarvis, A., Lane, A. e Hijmans, R. (2008). O efeito das alterações climáticas nos parentes selvagens das culturas. *Agric. Ecosys. Environ.* pp. 34-38.

Jawahar, P. e S. Msangi (2006) BMZ workshop summary report on Adaptation to Climate Change, Pretória, África do Sul. 24-28.

Jayasree, B.S(2004) A study on integrated water management technologies demonstrated under AICRP on water management. Unpub. Tese de Mestrado (Ag.). AC & RI, TNAU, Madurai.

Joern, A., Logan, J. D., & Wolesensky, W(2005) Effects of global climate change on agricultural pests: Possíveis impactos e dinâmicas ao nível da população, da interação entre espécies e da comunidade. Em R. Lal, B. A. Stewart, N. Uphoff, & D. O. Hansen (eds.), Climate change and global food security. Florida, EUA: Taylor & Francis Group. pp. 321-362.

Kashyapi, A., Archana P.Hage e Deepa A. Kulkarni (2008) Impact of climate change on world agriculture: a review. *Arquivos ISPRS-* **XXXVIII-** 8/W3, 2009.

Kelkar Ulka, Balachandra P. e Gurtoo Anjula (2011) Assessing Indian Cities for vulnerability to Climate Change 2011" 2nd Conferência Internacional sobre Ciência e Desenvolvimento Ambiental. IPCBEE-4. *IACSIT Press*, Singapura.

Kim, Chang-Gil e et al.(2009) Impacts and Countermeasures of Climate Change in Korean Agriculture. (em coreano). Relatório de investigação n.º 593. Instituto Coreano de Economia Rural. Pp.38.

Kumar, K. S., Kavi. e Parikh, J(2001a) Socio-economic impacts of climate change on Indian agriculture. *Int. Rev. Envi. Strat.*,**2**(2).

Kumar, S.(2016). Iniciativa na agricultura num clima em mudança. *Revista Internacional de Ciências Agrárias.* **8**: 22.

Kanat , M., Meena, M. S., Kumar S., Choudhary, V. K. e Bhagawati , R(2012) Medição da atitude em relação à adoção da avicultura de quintal em Arunachal Pradesh. *Indian Journal of Extension Education* 4(3): 22-24.

Kurukulasuriya, P. e Mendelsohn, R(2006) Endogenous irrigation: the impact of climate change on farmers in Africa. Documento de discussão CEEPA n.º 18. Centro de Economia e Política Ambiental em África. Pretória, África do Sul: Universidade de Pretória.

Lautze, S., Aklilu, Y., Raven-Roberts, A., Young, H., Kebede, G. e Learning, J(2003) Risk and Vulnerability in Ethiopia: Learning from the Past, Responding to the Present, Preparing for the Future, Relatório preparado para a Agência dos EUA para o Desenvolvimento Internacional. Addis Abeba, Etiópia.

Lawrence, L(2003) Household food security and nutritional status of women agricultural labourers. Tese de Mestrado (Ciências Domésticas), Universidade Agrícola de Kerala, Thrissur, pp.126.

Liu, L., Zhua, Y., Tanga, L., Caoa, W. e Wangb, E(2013) Impactos das alterações climáticas, nutrientes do solo, tipos de variedades e práticas de gestão no rendimento do arroz na China Oriental: Um estudo de caso na região de Taihu. *Investigação sobre culturas arvenses. 149:* 40- 48.

Loe De. R., R. Kreutzwiser, e L. Moraru.(2001). Adaptation Options for the Near Term: Climate Change and the Canadian Water Sector. *Global Environmental Change.* 11:231-

245.

Maddison, D(2006) A perceção e a adaptação às alterações climáticas em África. CEEPA. Documento de discussão n.º 10. Centro de Economia e Política Ambiental em África. Pretória, África do Sul: Universidade de Pretória.

Madhan, P(2002) Generation Dissemination and Adoption of Rice Varieties of RRS, Ambasamudram - An Analysis. Unpub. Tese de Mestrado (Ag.), TNAU, Coimbatore.

Mahato, A(2014) Alterações climáticas e o seu impacto na agricultura. *Revista Internacional de Publicações Científicas e de Investigação.* 4(4):1-4.

Maiti S(2013) Vulnerabilidade e estratégias de adaptação às alterações climáticas entre os criadores de gado nas regiões costeiras e alpinas da Índia. Tese de doutoramento publicada. Instituto Nacional de Investigação dos Produtos Lácteos (Conselho Indiano de Investigação Agrícola) Karnal (Haryana), ÍNDIA.pp.1-309.

Sarkar, S. e Padaria, N(2010) Farmers' Awareness and Risk Perception about Climate Change in Coastal Ecosystem of West Bengal. *Indian Research Journal of Extension Education.* 10(2): 32-38.

Mandleni, B. and Anim, F. D. K(2011) Climate change awareness and decision on adaptation measures by livestock farmers in South Africa. *Journal of Agricultural Science.* 3(3): 258-268.

Mary Elizabeth, S(2001) Integrated Dry Farming System in Tamil Nadu - A Feasibility Study. Não publicado. Tese de Mestrado (Ag.), TNAU, Coimbatore.

Marimuthu, P(2001)Indigenous Tribal Wisdom for Rural Development: A Multi-dimensional Analysis. Unpub. Tese de doutoramento, TNAU, Coimbatore.

Mendelsohn, R, A Dinar e L Williams (2006) The Distributional Impacts of Climate Change on Rich and Poor Countries. *Environment and Development Economics.* **11**: 159-178.

Meinke, H., Hansen, J.W., Gill, M.A., Gadgil, S., Selvaraju, R., Kumar, K.K. e Boer, R (2004) Applying climate information to enhance the resilience of farming systems exposed to climatic risk in South and Southeast Asia. Relatório final do projeto APN 2004-01-CMYMeinke. Rede Ásia-Pacífico (APN) de Investigação sobre Alterações Globais.

Meridian Institute (2011) Abordar a agricultura nas negociações sobre as alterações climáticas: A scoping report. Washington DC, EUA: Meridian Institute. www.climate-agriculture.org.

Misra (2014) Climate change and challenges of water and food security (Alterações climáticas e desafios da segurança hídrica e alimentar). *Revista Internacional de Ambiente Construído Sustentável.* 3:153-165.

Muller, C. & Elliott, J(2015) The Global Gridded Crop Model intercomparison: Approaches, insights and caveats for modeling climate change impacts on agriculture at the global scale. In A. Elbehri, ed. Climate change and food systems: Global assessments and implications for food security and trade. Roma, FAO.

Nagabhushana, K.B(2007) Farm performance of potato cultivators of Hassan district in Karnataka. Tese de Mestrado (Agri.) (Não publicada), Acharya N.G. Ranga Agricultural University, Hyderabad, Índia.

Nagesh, P.N(2005) A study on entrepreneurial behaviour of vegetable seed production farmers of Haveri district, M. Sc. (Agri.) Thesis, University of Agricultural Sciences, Dharwad.

Nandapukar G.G(1981) A study of the entrepreneurial behavior of small farmer Meteropolin Book, New Delhi.

Nelson, G.C., Valin, H., Sands, R.D., Havlik, P., Ahammad, H., Deryng. D., Elliott, J., Fujimori, S., Hasegawa, T., Heyhoe, E., Kyle, P., Von Lampe, M., Lotze-Campen, H., d'Croz, D.M., van Meijl, H., van der Mensbrugghe, D., Muller, C., Popp, A., Robertson, R., Robinson, S., Schmid, E., Schmitz, C., Tabeau, A. & Willenbockel, D(2014a) Climate change effects on agriculture: economic responses to biophysical shocks. *PNAS.* **111**(9): 3274-3279.

Nhemachena, C. e Hassan, R(2007) Micro-level analysis of farmers adaptation to climate change in Southern Africa. Documento de discussão do IFPRI no. 00714. Divisão de Ambiente e Tecnologia de Produção.

Nicholas Ozor e Nnaji Cynthia (2011) O papel da extensão na adaptação agrícola às alterações climáticas no estado de Enugu, Nigéria. *Jornal de Extensão Agrícola e Desenvolvimento Rural,* **3**(3): 42-50.

Ninan e Bedamatta (2012) Climate Change, Agriculture, Poverty and Livelihoods: A Status Report. Documento de trabalho-277. ISBN- 978-81-7791-133-6.

Nicholas Ozor, e Nnaji C(2011) O papel da extensão na adaptação agrícola às alterações climáticas no Estado de Enugu, Nigéria. *Jornal de Extensão Agrícola e Desenvolvimento Rural.* **3**(3): 42-50. Disponível online http:// academicjournals.org/JAERD.

Nirmala, B., Vasudev, N. e Suhasini, K(2013) Perceção dos agricultores sobre a tecnologia do arroz híbrido - um estudo de caso de Jharkhand. *Pesquisa indiana do Journal of Extension Education.* **13**(3):15-17.

Nwachukwu, I and Nnadozie, I.D.N (2011) Climate change and rural development Published in Globalization and Rural Development in Nigeria by Extension Centre, MOUA, Umudike, pp.25.

Orindi. V.A., e S. Eriksen (2005) Mainstreaming adaptation to climate change in the development process in Uganda. Eco policy Series 15. Nairobi, Quénia: Centro Africano de Estudos Tecnológicos (ACTS).

Palanisamy, A(2011) Impact of TN - IAMWARM Project on the Farm and Home of Precision Farming Beneficiaries - An Analysis, Unpub. Tese de Mestrado (Ag.), TNAU, Coimbatore.

Pandeti, C.M(2005) A study on entrepreneurial behaviour of farmers in Raichur district of Karnataka. Tese de Mestrado (Ag.), Uni. Agri. Sci., Dharwad, Karnataka, Índia.

Pandya, C. D(2010) Uma análise crítica do estatuto socioeconómico dos seguidores da agricultura biológica do Sul de Gujarat. Tese de doutoramento (Agri.) (não publicada) apresentada à N.A.U., Navsari.

Pandey, A.K., Rajendra Prasad, Ram Newaji, S.K., Dhyani, N.K., Saroj e Tripathi, V.D(2012) Climate change: perceived risk in agriculture and innovative adaptations at the local level in Bundelkhand region of Madhya Pradesh. *Revista indiana de agro-florestação.* **14**(2):18-22.

Parry, M. L., Rosenzweig, C., Iglesias, A., Livermore, M., & Fischer, G(2004) Effects of climate change on global food production under SRES emissions and socio-economic scenarios. *Global Environment Change.* 14:53-67.

Parry, M., Rosenzweig, C., e Livermore, M(2005) Climate change, global food supply and risk of hunger. Philosophical Transactions of the Royal Society: Biological Sciences. **360**:21252138.

Patel, D.B., Thakar, K. A. e Patel, KS (2011) Perceção dos agricultores sobre o sistema de transferência de tecnologia no norte de Gujarat. *Gujarat Journal of Extension Education.* **22**(6): 17-20.

Patil, B. T(2011) Growers adoption behaviour of production technology of sorghum. Maharastra. *Journal of Extension Education.* **23**: 180-182.

Pandya, R, D(2013) Relatório do projeto sobre a avaliação estratégica dos distritos ATMA do Sul de Gujarat.

Porter, J.R., Xie, L., Challinor, A.J., Cochrane, K., Howden, S.M., Iqbal, M.M., Lobell, D.B. & Travasso, M.I(2014) Food security and food production systems. Em C.B. Field, V.R. Barros, D.J. Dokken, K.J. Mach, M.D. Mastrandrea, T.E. Bilir, M. Chatterjee, K.L. Ebi, Y.O. Estrada, R.C. Genova, B. Girma, E.S. Kissel, A.N. Levy, S. MacCracken, P.R. Mastrandrea & L.L. White, eds. Climate change 2014: impacts, adaptation, and vulnerability (Alterações climáticas 2014: impactos, adaptação e vulnerabilidade). Parte A: aspectos globais e sectoriais, pp. 485-533. Contribuição do Grupo de Trabalho II para o Quinto Relatório de Avaliação do Painel Intergovernamental sobre as Alterações Climáticas. Cambridge, Reino Unido, e Nova Iorque, EUA, *Cambridge University Press.*

Preethi, S., Singh, J. e Singh, G(2013) Perceção dos agricultores relativamente ao risco ambiental na utilização de pesticidas no estado do Punjab.

Rama Rao, D., Murthy, G.R.K. e Rao, V.K.J(2008) Technological options for orienting IT towards farming community! Seminário nacional sobre TI na agricultura e no desenvolvimento rural, comunicação apresentada em B.A.U Ranchi, Jharkhand. Sakahwat A. Khan, - "influence of Mass Media in developing Human Qualities" Media Hereafter. *Bangladesh Journalism Review*, **2**(1): 82-86.

Rao, C A Rama, BMK Raju, AVM Subba Rao, KV Rao, VUM Rao Kausalya Ramachandran, B Venkateswarlu e AK Sikka (2013) Atlas sobre a vulnerabilidade da agricultura indiana às alterações climáticas, Instituto Central de Investigação para a Agricultura de Terras Secas, Hyderabad, pp. 116.

Regmi, B.R., Morcrette, A., Paudyal, A., Bastakoti, R. e Pradhan, S(2010) Participatory Tools and Techniques for assessing climate change impacts and exploring adaptation options, A Community Based Tool Kit for Practitioners. Livelihoods and Forestry Programme (LFP) e a ajuda do Reino Unido do Departamento de Desenvolvimento Internacional, pp. 9-11 e 27-30.

Rathod, J, J (2009) Um estudo sobre a adoção das medidas fitossanitárias recomendadas pelos produtores de malagueta no distrito de Anand, no estado de Gujarat. (Não publicado) Tese de Mestrado (Agri), AAU, Anand.

Rathod, P., Nikam, T. R., Sariput, L., Vajreshwari, S. e Amit, H(2014) Participation of Rural Women in Dairy Farming in Karnataka (Participação das mulheres rurais na produção leiteira em Karnataka). Revista de Pesquisa Indiana Educação de Extensão. **11**(2): 3136.

Sahana, S(2002) About the functioning of Raitha Samparka Kendra M.Sc.(Agri.)Thesis (unpublished), Department of Agricultural Extension, U.A.S., Bangalore.

Salunke, S. R(2009) A study on agro services providers and beneficiaries of Navsari district of Gujarat state. Tese de Mestrado não publicada (Agr i). Tese, N. A. U., Navsari, Gujarat.

Satyanarayan, K., Jagadeeshwary, V., Chandrashekar, V., Wilfer urban, S. e Sudha, G(2010) *Veterinary World.* **3**(5): 215-218.

Samanta, R.K(1977) A study of some Agro-Economics, Socio-Psychological and Communication Variables Association with Repayments Behaviour of agricultural Credit user of Nationalized Bank, Ph D. Thesis, Department of Agricultural Extension, BCKV, West Bengal.

Sasikala, C(2011) Vulnerabilidade e adaptação à variabilidade da precipitação na agricultura irrigada por tanques de sequeiro no distrito de Pudukkottai de Tamil Nadu, (Não publicado.) Tese de Mestrado (Ag.), TNAU, Coimbatore.

Sasane, KL, Patil, PA. and Suthar, P, P(2012) Knowledge and adoption of paddy cultivation practices among farmers in north Kashmir. *Asian Journal of Extension Education.* **22**(2): 46-51.

Schmidhuber, J e Tubiello, F.N(2007) Global food security under climate change. *Actas da Academia Nacional das Ciências (PNAS).* **104**(50), 19703-19708.

Scholes, R. J. e Biggs, R(2004) Ecosystem Services in Southern Africa: A Regional Assessment. Conselho para a Investigação Científica e Industrial. Pretória, África do Sul. pp.60.

Schuck. E, Nganje W. e Yantio D(2002) The role of land tenure and extension education in the adoption of slash and burn agriculture. Ecological Economics. **43**:61-70.

Semenza, J.C., Hall, D.E., Wilson, D.J., Bontempo, B.D., Sailor, D.J. e George, L.A(2008) Public perception of climate change voluntary mitigation and barriers to behaviour change. *Jornal Americano de Medicina Preventiva.* **35**: 479-487.

Senthilkumar, A(2001) An analysis on crop insurance scheme among paddy farmers of Cuddalore district. Não publicado. Tese de Mestrado (Ag.), AC & RI, Madurai.

Senthilvadivoo, K(2003) Integrated Wasteland Development Programme - A critical analysis.

Unpub. Tese de Mestrado (Ag.), AC & RI, TNAU, Madurai.

Shanmugasundaram, B(2007) Technological empowerment of tsunami-affected farmers for sustainable rice production. Não publicado. Tese de doutoramento, TNAU, Coimbatore.

Sharma, D.D(2010) People's perception on the effect of climate change - A case study of tribal district of Himachal Pradesh, Reflections of Climate Change Leaders from the Himalayas, relatório da Leadership for Environment and Development (LEAD), Índia, Nova Deli.

Shiraz A. Wajih (2008) Adaptive agriculture in flood-affected areas. LIESA, ÍNDIA, Fundação AME. **10**(4): 8-9.

Shivamurthy, M., Shankara, M. H., Rama Radhakrishna e Chandrakanth, M. G(2015) Impact of Climate Change and Adaptation Measures Initiated by Farmers. Adaptação da agricultura africana às alterações climáticas, Gestão das alterações climáticas, Springer International, Suíça. Pp. 119126.

Shashidhara, K, K., Manjunath, L., Hirevenkatagaudar, L, V., Katarki, P, K.e Hanchinal, S, N(2007) Management of eco-friendly practices by vegetable growers, souvenier and abstracts, 256.

Singh, K. P.; Ingle, P.O.; Barabde, N. P. and Pote, S. R(2008) Socio-economia, características psicológicas e de comunicação dos produtores de algodão. Lembranças e Resumos, 25.

Singh, K. K. e Pandey, M. L(2013) Knowledge and Adoption behavior of paddy growers (Conhecimento e comportamento de adoção dos produtores de arroz). *Agri l. Extn.*

Review. julho-agosto: 22-23.

Singh, R., Saravanan, R, Feroze, S. M., Devarani, L. e Paris, T. (2011) Assessment of the effect of climate change on the rural livelihood of farmers in Meghalaya through focused group discussion approach. *Ind. Jn. of Agri. Econ.* **66**(3): 397-398.

Sikwela, M. and Mpuzu, M(2008) Determinants of household food security in the semi-arid areas of Zimbabwe: A case study of irrigation and non-irrigation farmers in Lupane and Hwange Districts. Tese de Mestrado (Agric. Econ.), Universidade de Fort Hare, Zimbabué, pp.143.

Smith, P., Martino, D., Cai, Z., Gwary, D., Jazen, H., Kumar, P., Towprayoon, S(2007b) Policy and technological constraints to implementation of greenhouse gas mitigation options in agriculture. *Agriculture, Ecosystems & Environment.* **118**(1-4), 6-28.

Schoze, M., Knorr, N.W e Prentice, I.C(2006) A Climate Change risk analysis for world ecosystems. *Actas da Academia Nacional de Ciências.* **103** (35):116-120.

Soora, N.(2016). Vulnerabilidade da mostarda indiana (Brassica juncea (L.) à variabilidade climática e estratégias de adaptação futuras. *Mitig. Adapt Strategy Glob Change.* **21**:403-420.

Sofoluwe, N. A., Tijani, A. A. e Baruwa, O. I (2011) Perceção e adaptação dos agricultores às alterações climáticas no estado de Osun, Nigéria. *Jornal Africano de Investigação Agrícola.* **6**(20): 47894794.

Subash, S.P., Kiresur, V.R. and Shivaswamy, G, P(2011) An assessment of the vulnerability of farmers to climate change in agro-climatic zones of north Karnataka. *Ind. Jn. of Agri. Econ.* **66**(3): 413-414.

Sudhakar, B(2002) Yield gap among Integrated Pest Management (IPM) oriented cotton growers under irrigated and rainfed conditions. Uma análise crítica. Tese de doutoramento. (Unpub.), Universidade Agrícola de Tamilnadu, Coimbatore, Índia.

Suresh, R(2001) Farmers adoption of agricultural technologies in-tank fed area of Gundar River basin of Ramanathapuram District in Tamil Nadu. Unpub. Tese de Mestrado (Ag.), AC & RI, TNAU, Madurai.

Supe, S.V(2007) Técnicas de Medição em Ciências Sociais. *Agrotech. Publishing Academy, Udaipur, Rajasthan.*

Swaminathan, M. S(2009) Building climate awareness at the grassroots level (Sensibilização para o clima ao nível das bases). In: Conferência das Nações Unidas sobre Alterações Climáticas, 7 a 18 de dezembro de 2009.

Tambe, S., Arrawatia, M.L. e Bhutia, N.T. e Swaroop, B (2011) Rapid, cost-effective and high-resolution assessment of the climate-related vulnerability of rural Communities of Sikkim Himalaya. *Índia. Current Science.* **101**(2): 165-173.

Tirado, M.C., Clarke, R., Jaykus, L.A., McQuatters-Gallop, A. & Frank, J.M(2010) Climate change and food safety: a review. *Food Research International.* **43**(7): 1745-1765.

Trivedi, G(1963) Measurement and Analysis of Socio-Economic Status of Rural Families (Medição e Análise da Situação Socioeconómica das Famílias Rurais). Unpub. Tese de doutoramento, IARI, Nova Deli.

Tubiello, F., Schmidhuber, J., Howden, M., Neofotis, P. G., Park, S., Fernandes, E., & Thapa, D (2008) Climate change response strategies for agriculture: Challenges and opportunities for the 21st century. Documento de discussão sobre agricultura e desenvolvimento rural. Washington DC, EUA: Banco Mundial.

PNUD (2005) Lim, B. e E. Spanger-Siegfried (eds.), I. Burton, E. Malone, S. Huq: Adaptation Policy Frameworks for Climate Change. Desenvolvimento de estratégias, políticas e medidas.

Venkataramaiah(1983) Development of a socio-economic status scale for rural areas, Ph. D Thesis,(Unpublished), University of Agril. Science, Bangalore.

Venkatakrishnan R(1991) Socio-Economic Analysis of Commercial Coconut Growers. Não publicado. Tese de Mestrado (Agri.). TNAU, Coimbatore.

Verma, H.C(2012) Desempenho produtivo e reprodutivo de animais leiteiros no distrito de Faizabad de Uttar Pradesh. Tese de mestrado (não publicada), NDRI, Karnal, Haryana.

Vermeulen, S.J., Campbell, B.M., Ingram, J.S.I(2012) Climate change and food systems, *Annu. Rev. Environ. Resour.* **37**:195-222.

Vermeulen, S. J., Aggarwal, P. K., Ainslie, A., Angelone, C., Campbell, B. M., Challinor, A. J., Nelson, G. C(2010) Agriculture, food security and climate change: Outlook for knowledge, tools and action. Relatório 3 do CCAFS, Copenhaga, Dinamarca: Programa CGIAR-ESSP sobre Alterações Climáticas, Agricultura e Segurança Alimentar.

Vijayalan (2001) A study on Awareness, Knowledge and Adoption of Eco-Friendly Agricultural Practices in Rice. Unpub. Tese de Mestrado (Ag.), TNAU, Coimbatore.

Watson, D(2010) Climate Change: Sistemas de cultivo e estratégias de cultivo. Em Impact of Climate Change on Food Security in Sub-Saharan Africa. Actas do 14th Simpósio Anual da Associação Internacional de Bolseiros e Bolseiras de Investigação (IARSAF). IITA, Ibadan. 25th . pp. 27-40.

West, D(2002) Creating a vulnerability index. Londres: Action Aid. pp.16.

YIRGA, C. T(2007) A dinâmica da degradação do solo e os incentivos para uma gestão óptima nas Terras Altas Centrais da Etiópia. Tese de doutoramento. Departamento de Economia Agrícola, Extensão e Desenvolvimento Rural. Universidade de Pretória, África do Sul.

Ziervogel e Erickson (2010) Connection between climate change and food security, pp.528.

Ziervogel, G. e R. Calder (2003) Climate Variability and Rural Livelihoods: Avaliando o Impacto da Previsão Climática Sazonal. *Area.* **35**: 403-417.

PROGRAMA DE ENTREVISTAS
Revisitar as estratégias de extensão para evitar as vulnerabilidades às alterações climáticas na agricultura, a fim de
garantir a segurança alimentar

Departamento de Extensão Agrícola, Faculdade de Agricultura de
Uttar Banga Krishi Viswavidyalaya,

Pundibari, distrito de Cooch Behar, Bengala Ocidental - 736165

Data da entrevista: N.º EPIC/N.º *Aadhaar* dos inquiridos:

A.PERFIL SÓCIO-PESSOAL DO INQUIRIDO

1   **Nome do inquirido**:

2   **.Village: Bloco:**

3   **Idade** (*em anos*):

4   **Experiência agrícola**: (*em anos*).

5   **Estatuto académico**

Sl. Nºs.	Qualificação	*Assinale a resposta correcta*
1	Analfabeto (1)	
2	Só pode ler (2)	
3	Sabe ler e escrever (3)	
4	Primário (4)	
5	Médio (5)	
6	Ensino secundário (6)	
7	Licenciado (7)	

6. Estatuto educacional da família

Sl. Não.	Nome dos membros da família	Relação com o inquirido	Educação (indicar o n.º no quadro acima)
1			
2			
3			
4			
5			
6			
7			

7.Tamanho da família:

Género	Crianças com menos de 14 anos	Adulto	Idosos (acima de 60 anos)	Total
Masculino				
Feminino				

8. desafios associados à educação das crianças devido às alterações climáticas

Sl. Não.	Desafios	Resposta dos agricultores Concordar (3)	Indecided(2)	Discordar (1)
1.	As crianças abandonam a escola devido à escassez de alimentos, uma vez que não podem ir para a escola com o estômago vazio e passam o tempo à procura de			

	alimentos.			
2.	As crianças só vão à escola para tomar a refeição do meio-dia.			
3.	A migração dos agricultores afasta as crianças dos seus direitos educativos.			
4.	Devido à situação económica precária de uma família, as crianças são retiradas da escola e obrigadas a gerar rendimentos para a família.			
5.	As calamidades sazonais, tais como inundações, ciclones, desmoronamento de casas/estradas/pontes, etc., impedem que as crianças tenham direito à educação.			
6.	Nas zonas rurais, as escolas utilizadas como casas para as vítimas durante calamidades naturais ou catástrofes permanecem fechadas durante mais tempo, o que afecta a aprendizagem das crianças.			
7.	As doenças transmitidas pela água, o aumento da temperatura, a poluição do ar, o frio intenso e a má qualidade dos alimentos provocam doenças que impedem as crianças de frequentar a escola.			

B. ATRIBUTOS SOCIOECONÓMICOS
1. Rendimento anual

Sl. Não.	Fonte	Rendimento (*em ?*)
1.	Arroz	
2.	Impulsos	
3.	Mostarda	
4.	Pecuária/ Aves de capoeira	
5.	Legumes	
6.	Lago de pesca	
7.	Outros	

2. Despesas anuais

Sl. Não.	Fonte	Despesas (*em f*)
1.	Produção vegetal	
2.	Alimentação	
3.	Vestuário	
4.	Educação	
5.	Habitação	
6.	Transporte	
7.	Cuidados de saúde	
8.	Festival	
9.	Cerimónia	
10.	Telemóvel	

3. posse de terras, posse de alfaias agrícolas, <u>posse de</u> energia e materiais agrícolas

Sl. Não.	Variáveis	Questão	Assinalar/escrever a resposta	Pontuação

				adequada	
1.	Exploração de terras	Nenhum terreno			0
		Até 1 Acre		1	
		Até 5 acres		2	
		Até 10 acres		3	
		Até 15 acres		4	
		Até 20Acre			5
		Acima de 20 acres			6
2.	Posse de utensílios agrícolas	*Tradicional*			
		a. Implemento para a lavoura preparatória		1	
		b. Instrumentos para a interculturalidade		2	
		c. Instrumentos para a colheita, a debulha e a apanha		3	
		d. Pulverizador		4	
		e. Espanador			5
3.	Energia agrícola	Arado		1	
		Trator		2	
		Motocultivador			3
		Conjuntos de bombas		4	
		Enxada de roda/ Marcador de linhas/ Mondador de cones			5
		Cortador de palha			6
		Implementos locais		7	
		Mini kit de processamento		8	
		Outros.		9	
4.	Posse de materiais	Motociclo		1	
		Ciclo		1	
		Rádio/TV /Computador		1	
		Telefone/telemóvel		1	
		Instrumentos agrícolas melhorados		2	

C.ATRIBUTOS DE EXTENSÃO-COMUNICAÇÃO

1. Participação social

Organização	Membros/Escritório	Extensão da participação		
	portadores	Sempre(2)	Ocasional(1)	Nunca(0)
Panchayat da aldeia				
Sociedade Cooperativa de Aldeia				
Grupo de autoajuda				
Organização do Trabalho				
Clube dos Agricultores				
Mahila Mandal				

2. Acesso a fontes de informação sobre as alterações climáticas

Sl. Não.	Acesso à fonte de informação		Extensão da utilização	
		Sempre(2)	Por vezes(1)	Nunca(0)

1.	Colegas agricultores			
2.	Amigos			
3.	Jornal de notícias			
4.	Sociedades cooperativas			
5.	Rádio			
6.	Televisão			
7.	Centro de atendimento Kisan			
8.	Internet			
9.	Revista agrícola			
10.	Funcionários da extensão			

3.Formação sobre a exposição para evitar a vulnerabilidade às alterações climáticas

Sl. Não.	Fonte de formação	N.º de dias		
		1	1 - 3	Acima de 3
1.	Clube de agricultores			
2.	Departamento de Estado			
3.	KVK			
4.	ONG			
5.	Universidade			
6.	Outros			

D.ATRIBUTOS SÓCIO-PSICOLÓGICOS

1. Liderança na adoção

Sl. Não.	Declaração	Resposta dos agricultores		
		Sempre (2)	Por vezes(1)	Nunca (0)
1.	Participou no debate sobre novas práticas agrícolas para evitar o risco de alterações climáticas na reunião de grupo ou no grupo de pares?			
2.	Sempre que viu uma nova prática agrícola para evitar o risco de alterações climáticas, iniciou um debate sobre a mesma com os seus colegas?			
3.	As pessoas da aldeia consideram-no uma boa fonte de informação sobre novas práticas agrícolas para evitar o risco de alterações climáticas?			
4.	Atribui o trabalho agrícola aos membros da sua família?			
5.	Oferece novas abordagens aos problemas associados à agricultura devido às alterações climáticas?			

2. orientação científica

Sl. Não.	Declaração	Resposta dos agricultores				
		SA(5)	A(4)	UD(3)	DA(2)	SDA(1)
1.	Novos métodos de cultivo para evitar o risco de alterações climáticas dão melhores resultados a um agricultor do que o método antigo. (+)					
2.	Mesmo um agricultor com muita experiência deve					

	utilizar novos métodos na agricultura para evitar o risco das alterações climáticas.(+)					
3.	Embora leve tempo para um agricultor aprender novos métodos na agricultura, os esforços valem a pena. (+)					
4.	Um bom agricultor faz experiências para evitar o risco das alterações climáticas com novas ideias na agricultura. (+)					
5.	Os métodos tradicionais na agricultura têm de ser alterados para aumentar o nível de vida de um agricultor. (+)					
6.	A forma como os antepassados dos agricultores praticavam a agricultura continua a ser a melhor forma ainda hoje.(-)					

3. Independência

Sl. Não.	Declaração	Respostas dos agricultores				
		SA(5)	A(4)	UD(3)	DA(2)	SDA(1)
1.	Se um agricultor quer uma coisa bem feita, tem de a fazer ele próprio. (+)					
2.	A independência na tomada de decisões é a qualidade mais importante de um agricultor de sucesso. (+)					
3.	Um agricultor está no seu melhor quando é livre, autossuficiente e evita qualquer ajuda externa.(+)					
4.	Um agricultor financeiramente bem sucedido é aquele que se mantém de pé (+)					
5.	Um agricultor deve ensinar os seus filhos a tomarem as suas decisões de forma autónoma. (+)					
6.	Atualmente, o agricultor já não pode dar-se ao luxo de ser independente(-).					

4. capacidade de assumir riscos

Sl. Não.	Declaração	Resposta do agricultor				
		SA(5)	A(4)	UD(3)	DA(2)	SDA(1)
1.	Um agricultor deve cultivar um grande número de culturas para					
	evitar maiores riscos climáticos associados a uma ou duas culturas. (-)					
2.	Um agricultor deve preferir correr mais riscos para obter um grande lucro do que contentar-se com lucros mais pequenos mas menos arriscados. (+)					
3.	Um agricultor que está disposto a correr mais riscos do que o agricultor médio, geralmente tem melhores resultados financeiros. (+)					
4.	É bom para um agricultor correr riscos quando					

		Resposta dos agricultores			
	conhece as suas hipóteses de sucesso. (-)				
5.	É preferível que um agricultor não experimente novos métodos agrícolas, a menos que a maioria dos outros agricultores os tenha utilizado com êxito. (+)				
6.	Experimentar um método totalmente novo na agricultura por um agricultor envolve riscos, mas vale a pena. (+)				

5. Inovação

Sl. Nºs.	Declarações	Resposta dos agricultores		
		Sim(2)	Indeciso(1)	Não(0)
1.	Um agricultor progressista tem de conhecer as recentes práticas científicas desenvolvidas contra as alterações climáticas. Tem conhecimento de tais práticas?			
2.	Um agricultor progressista tem de aceitar as práticas melhoradas para evitar o risco das alterações climáticas, o que lhe permite obter mais rendimentos. a) Tenta seguir essas práticas melhoradas recomendadas? b) Aceita novas variedades quando estas são recomendadas?			
3.	Quando são recomendadas novas variedades, um agricultor progressista tem de ajudar outros agricultores a adoptá-las. a) Informa outros agricultores sobre os benefícios das novas variedades? b) Ajuda outros agricultores a adotar práticas melhoradas			
4.	Um agricultor progressista é aquele que adopta as práticas melhoradas para evitar o risco das alterações climáticas imediatamente (ou) à frente dos outros. a) Na sua aldeia, é a primeira pessoa a adotar as práticas melhoradas? Se os especificar b) Em caso negativo, adoptou alguma nova prática recomendada nos últimos dois anos antes dos outros agricultores?			
5.	Um agricultor progressista deve ter contacto com a agência de extensão. a) Contactou os extensionistas para obter conselhos para evitar o risco das alterações climáticas?			
6.	Um agricultor progressista deve cultivar variedades superiores ou variedades de alto rendimento. a) Cultivou essas variedades nos últimos anos?			
7.	Um agricultor progressista deve seguir a Gestão Integrada de Pragas e Doenças no que respeita às alterações climáticas. a) Segue a aplicação à base de *neem*?			

6.]   Motivação económica

Sl. Não.	Declaração	Respostas dos agricultores				
		SA(5)	A(4)	UD(3)	DA(2)	SDA (1)
1.	Um agricultor deve trabalhar para obter maiores rendimentos e lucros económicos. (+)					
2.	O agricultor mais bem sucedido é aquele que obtém os melhores lucros.(+)					
3.	Um agricultor deve tentar qualquer nova ideia agrícola para evitar o risco de alterações climáticas que possa render mais dinheiro.(+)					
4.	Um agricultor deve cultivar culturas de rendimento para aumentar os lucros monetários em comparação com o cultivo de culturas alimentares para consumo doméstico. (+)					
5.	É difícil para os filhos do agricultor começar bem, a menos que ele lhes dê assistência económica.(+)					
6.	Um agricultor tem de ganhar a vida, mas o mais importante da vida não pode ser definido em termos económicos.(-)					

7.   **Orientação da gestão**

Sl. Não.	Declaração	Respostas dos agricultores			
		SA(4)	A(3)	DA(2)	SDA(1)
I	Orientação do planeamento				
1.	Todos os anos é necessário refletir sobre a cultura a cultivar em cada tipo de terreno.(+)				
2.	Não é necessário tomar uma decisão prévia sobre as variedades de culturas a cultivar no terreno.(-)				
3.	É possível aumentar o rendimento através de um plano de produção agrícola.(+)				
4.	Não é necessário pensar antecipadamente nos custos de produção de uma cultura.(-)				
5.	Não é necessário consultar peritos agrícolas para planear as colheitas (-)				
6.	Não é necessário ter formação para a produção vegetal.(-)				
II	**Orientação para a produção**				
1.	A plantação atempada de uma cultura pode garantir um bom rendimento.(+)				
2.	Cada um deve usar o adubo que quiser(-)				
3.	Determinar as quantidades de fertilizantes através de testes ao solo permite poupar dinheiro.(+)				
4.	A taxa de sementeira deve ser utilizada de acordo com as recomendações do especialista.(+)				

5.	Para controlar as ervas daninhas durante o tempo, é necessário utilizar herbicidas adequados.(+)					
6.	Com taxas de água baixas, deve utilizar-se toda a água de rega disponível.(-)					
III	**Orientação de marketing**					
1.	As notícias do mercado não são úteis para os agricultores(-).					
2.	Um agricultor pode obter um bom preço se classificar os seus produtos.(+)					
3.	A cooperativa pode ajudar os agricultores a obter um melhor preço para os seus produtos. (+)					
4.	Deve-se vender o seu produto no mercado mais próximo, independentemente do preço.(-)					
5.	Deve-se comprar factores de produção na loja onde os outros familiares compraram.(-)					
6.	Devem ser cultivadas estas variedades, que têm mais procura no mercado.(+)					

E. Aspectos da segurança alimentar afectados pelas alterações climáticas

Sl. Nºs.	Declarações	Resposta dos agricultores		
		Concordar (3)	Não decidido (2)	Discordância(1)
1.	Na sua opinião, as alterações climáticas não reduziram a produção agrícola na sua região e afectaram a disponibilidade de alimentos.			
2.	O seu agregado familiar enfrenta problemas de insuficiência alimentar devido à quebra de colheitas devido a seca/ inundações/ tempestades de granizo/ infestação por insectos, etc.			
3.	Eu (nós) não tinha (tínhamos) dinheiro para comer refeições equilibradas e alimentos necessários devido ao aumento do preço dos alimentos.			
4.	A produção doméstica não é suficiente para fornecer alimentos suficientes para todos os membros da família todos os anos.			
5.	Nos últimos 12 meses, o(a) senhor(a) ou outro membro do agregado familiar alguma vez reduziu o tamanho das suas refeições ou faltou a refeições por não haver comida suficiente ou dinheiro para comprar comida.			
6.	Nos últimos 12 meses, o(a) senhor(a) e os membros do seu agregado familiar preocuparam-se com o facto de os alimentos se esgotarem antes de terem comida ou dinheiro para comprar mais.			
7.	Nos últimos 12 meses, teve de comer a mesma comida todos os dias porque não tinha variedade de alimentos.			

8.	Por vezes, só é possível comer uma variedade limitada de alimentos.			
9.	Por vezes, é possível comer alguns alimentos que ele/ela não queria comer.			
10.	Por vezes, é possível ingerir uma quantidade de alimentos inferior à que se considera necessária.			
11.	Está a receber água potável adequada e de qualidade para todas as necessidades domésticas.			
12.	Em comparação com a sua dieta habitual, comeu menos alimentos preferidos que normalmente não comeria.			
13.	Os pais limitam a sua própria ingestão de alimentos para garantir que os seus filhos comem o suficiente.			
14.	Por vezes, é necessário hipotecar e vender bens para obter alimentos.			
15.	Na maior parte das vezes, está a comprar alimentos a crédito.			
16.	Está a dedicar-se a trabalhos fora da exploração agrícola para aumentar o rendimento do agregado familiar, por exemplo, criação de gado, comércio, condução, tecelagem, salários, etc.			
17.	O seu agregado familiar ver-se-á confrontado com uma descida dos preços dos seus produtos.			
18.	Alguma vez retirou os seus filhos da escola para trabalhar na quinta ou fora dela a troco de um salário.			
19.	Alguma vez o rendimento/poupança do seu agregado familiar diminuiu devido ao aumento das despesas com alimentos.			

F. Factores que determinam a vulnerabilidade às alterações climáticas

Componente	Indicadores	Resposta dos agricultores	
		Sim(1)	Não(0)
Exposição	Variabilidade da temperatura máxima média mensal $(^\circ C)$ durante os últimos 10 anos		
	Variabilidade da temperatura mínima média mensal $(^\circ C)$ durante os últimos 10 anos		
	Média mensal da variabilidade húmida máxima (%) durante os últimos 10 anos		
	Média mensal da variabilidade húmida mínima (%) durante os últimos 10 anos		
	Variabilidade da precipitação média mensal (mm) durante os últimos 10 anos		
	Ocorrências de inundações, secas e granizo nos últimos 10 anos		
	Ocorreu degradação da terra devido à variabilidade climática durante os últimos 10 anos		

	O estado de fertilidade do solo é pobre		
	Não tem abastecimento de água consistente		
	Ter membros dependentes na família (idade < 14 anos e >65anos)		
	Escassez de água na época produtiva		
Capacidade de adaptação	Acesso a subsídios aos factores de produção		
	Acesso a uma boa estrada		
	Acesso aos transportes públicos		
	Possuía animais de criação ou aves de capoeira		
	Terras cultivadas agrícolas próprias		
	Berços de cereais próprios		
	Acesso a serviços de rádio		
	Acesso a um fogão de cozinha		
	Utilização de uma estrutura de recolha de águas pluviais		
	Acesso a sementes melhoradas/ HYV		
	O membro da família frequentou qualquer tipo de formação profissional		
	Os membros da família são membros de qualquer sociedade cooperativa		
	Praticar a rotação de culturas		
	Praticar a diversificação das culturas		
	Acesso a serviços financeiros em qualquer instituição financeira		
	Membro da família que trabalha fora da aldeia		
	Acesso ao centro de saúde mais próximo		
	Tinha um estabelecimento de ensino superior nas proximidades		
	Acesso ao serviço móvel		
	Acesso à informação sobre as alterações climáticas		
	Utilização de variedades tolerantes à seca e às inundações		
	Utilização de variedades resistentes a pragas e doenças		
	Prática dos ensaios de solos		
	Aplicação de doses limitadas de fertilizantes		
	Boa ligação com a extensão pessoal		
	Acesso a informações sobre o mercado		
	Acesso à clínica veterinária		
	Energia eléctrica melhorada na exploração		
	Ter poupanças suficientes para fazer face a situações adversas		
	Participou no programa de demonstração		
	Participou no programa de formação		
	Recebeu bons preços dos produtos		
	Utilização de seguros de colheitas		
	Utilização de seguros de animais		
Sensibilidade	Praticar a cultura do arroz de sequeiro		
	Recursos produtivos, ou seja, terra/água/animais, afectados por condições climáticas adversas nos últimos 10 anos		
	Sem acesso a água potável		

	Não têm sistema de alojamento em *pucca*			
	Não tem saneamento básico/casa de banho			
	Membro da família faltou ao trabalho ou à escola devido a doença nos últimos 6 meses			
	Membro da família foi infetado por uma doença transmissível nos últimos 6 meses			
	Enfrentar os problemas de escassez de lenha durante todo o ano			
	Recolher a água diretamente do rio, riachos, lagoas, etc.			
	Tinha um empréstimo/dívida de uma instituição financeira/um amigo, etc.			
	Conflito sobre a água (irrigação/bebida) na aldeia no ano passado			
	Morte/ferimento de um membro da família devido a uma catástrofe relacionada com o clima, ou seja, inundações, ciclones, terramotos, etc., no ano passado			
	Variação do rendimento das culturas			
	Maior infestação de pragas e doenças			

G. As estratégias de extensão existentes para fazer face à vulnerabilidade na agricultura

a. Várias medidas de sobrevivência (Assinalar a resposta adequada)

Classificação	Sl. Não.	ESTRATÉGIAS DE EXTENSÃO	Resposta dos agricultores	
			Sim(1)	Não(0)
	1.	Sensibilização para a utilização de subsídios na agricultura		
	2.	Desenvolvimento de conhecimentos sobre meios de subsistência alternativos		
	3.	Reforço das capacidades em matéria de sistemas agrícolas integrados		
	4.	Sensibilização para a restrição da utilização de lenha		
	5.	Reforço das capacidades em matéria de desenvolvimento do espírito empresarial		
	6.	Reforço das capacidades em matéria de ligação ao mercado		
	7.	Reforço das capacidades em matéria de agricultura de conservação		
	8.	Reforço das capacidades em matéria de gestão eficaz das culturas resistentes às alterações climáticas		
	9.	Sensibilização para a concessão de benefícios no âmbito de diferentes regimes relacionados com a agricultura e sectores conexos		
	10.	Reforço das capacidades em matéria de sistemas de culturas diversificadas		
	11.	Reforço das capacidades em matéria de iniciativas agrícolas resistentes às alterações climáticas		
	12.	Sensibilização para a criação de animais de raças melhoradas do que as locais		
	13.	Sensibilização para a vacinação atempada dos animais de		

		criação e das aves de capoeira		
	14.	Sensibilização para a criação higiénica de animais		
	15.	Reforço das capacidades em matéria de preparação de alimentos para animais como nutrientes suplementares		

b. Utilização de diferentes métodos de extensão

Classificação	Sl. Não.	Métodos	Resposta dos agricultores	
			Sim(1)	Não(0)
	1.	Demonstração do método		
	2.	Formação		
	3.	Dia de campo		
	4.	Campanha de sensibilização		
	5.	Discussão em grupo		
	6.	Reunião de grupo		
	7.	Mostra de filmes		
	8.	Visionamento de programas televisivos relacionados com a agricultura		
	9.	Visita a comerciantes de factores de produção/agricultores progressistas		
	10.	Chamada telefónica		

VITA

Nome do estudante	: TARUN KUMAR DAS
Nome do pai	: Sri Kajal Ranjan Das
Nome da mãe	: Smti Pratima Dey
Nacionalidade	: Indiano
Data de nascimento	: 07/05/1979
Residência Endereço permanente	: Aldeia- Bangsidua, PO+ PS -Phulbari, Dist-West Garo Hills, Pin-794104, Meghalaya

HABILITAÇÕES LITERÁRIAS
Bacharelato

Nome da Universidade
Ano de atribuição : Universidade Central de Agricultura, Imphal, Manipur: 2005
OGPA % : 7.36

Mestrado

Nome da Universidade : Bidhan Chandra Krishi Viswavidyalaya, Nadia, WB: 2007
Ano de atribuição
OGPA % : 8.37

Doutor em Filosofia

OGPA % : 8.71
Título da tese de doutoramento

Revisitar as estratégias de extensão para evitar as vulnerabilidades às alterações climáticas na agricultura, a fim de garantir a segurança alimentar

Printed by Books on Demand GmbH, Norderstedt / Germany